CATALOGUE RAISONNÉ

DES

LÉPIDOPTÈRES

TROUVÉS

DANS LA LOIRE-INFÉRIEURE

PAR M. J.-H. DEHERMANN-ROY

Extrait des Annales de la Société académique de la Loire-Inférieure, 1886.

NANTES,
Mme Vve CAMILLE MELLINET, IMPRIMEUR DE LA SOCIÉTÉ ACADÉMIQUE,
Place du Pilori, 5.
L. MELLINET ET Cie, Succrs

1887

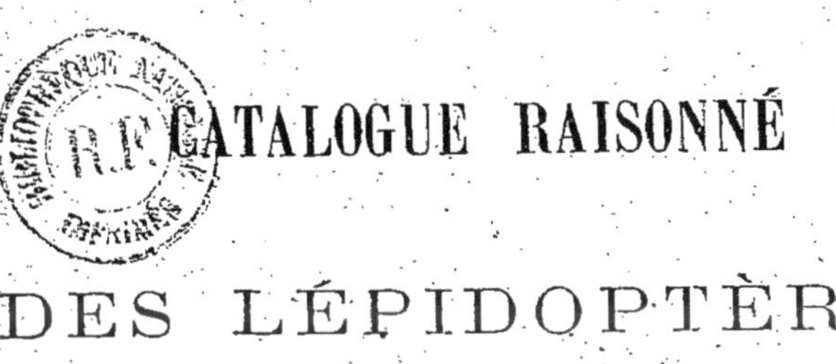

CATALOGUE RAISONNÉ

DES LÉPIDOPTÈRES

TROUVÉS DANS LA LOIRE-INFÉRIEURE

CATALOGUE RAISONNÉ

DES

LÉPIDOPTÈRES

TROUVÉS

DANS LA LOIRE-INFÉRIEURE

PAR Mr J.-H. DEHERMANN-ROY.

Des ailes ! des ailes ! (MICHELET.)

NANTES,

Mme Vve CAMILLE MELLINET, IMPRIMEUR DE LA SOCIÉTÉ ACADÉMIQUE,

Place du Pilori, 5.

L. MELLINET ET Cie, SUC^{rs}

1887

EXPLICATION DES SIGNES ET ABRÉVIATIONS.

♂ — Mâle.
♀ — Femelle.
C. — Commun.
A. C. — Assez commun.
T. C. — Très commun.
R. — Rare.
A. R. — Assez rare.
T. R. — Très rare.
Var. — Variété.
Ab. — Aberration.

NOMS D'AUTEURS.

B. Bdv. . . . . Boisduval.
Berg . . . . Bergstrasser.
Bkh. . . . . Borkenhausen.
Brd. . . . . Bruand.
Cr. . . . . Cramer.
Cl. . . . . Clerck.
Curt . . . . Curtis.
Dup. . . . . Duponchel.
Donz . . . . Donzel.
Don . . . . Donovan.
Esp. . . . . Esper.
Fab . . . . Fabricius.
Fuessl . . . . Fuessly.
Forst . . . . Forster.
Frr. . . . . Freyer.
God. . . . . Godart.
Gn . . . . Guénée.
Germ . . . . Germar.
Hb. H. G . . . . . . Hubner.
Hufn. . . . . Hufnagel.
H. S. . . . . Herrich-Schaeffer.
Hw . . . . Haworth.
Hein . . . . Heinemann.
Kef. . . . . Keferstein.
Kn. . . . . Knoch.
L . . . . Linné.
Latr . . . . Latreille.
Leach. . . . .
Ld . . . . Lederer.
Meig . . . . Meigen.
Mull . . . . Muller.
O . . . . Ochsenheimer.
Pall . . . . Pallas.
Rott . . . . Rottenburg.
Rbr. . . . . Rambur.
Retz . . . . Retzius.
Schrk . . . . Schrank.
Stph. . . . . Stephens.
S. V . . . . Schiffermiller (Systematisches Verzeichniss).
Stgr . . . . Staudinger.
Sc. . . . . Scopoli.
Stt . . . . Stainton.
Thnb . . . . Thunberg.
Tr . . . . Treitschke.
View. . . . . Vieweg.
Vill. . . . . Villers.
Z. K. Zinck . . . . Zincken.
Z . . . . Zeller.

PRÉFACE.

La Société académique de Nantes ayant exprimé l'intention de faire bon accueil à quelques études complémentaires sur la faune de la Loire-Inférieure, je viens lui offrir le Catalogue des Lépidoptères de ce département.

C'est après dix-huit années de chasses de tous genres, de recherches d'élevages, de préparations, de soins et de travaux bibliographiques, que je suis heureux de pouvoir enfin le lui présenter.

Il contient les espèces que j'ai prises ou dont la capture authentique m'est attestée par des documents certains, avec l'indication des époques et des endroits où elles paraissent, leurs mœurs, leur rareté relative dans la Loire-Inférieure, et enfin, autant qu'il m'a été possible, le nom des plantes qui nourrissent les chenilles.

En livrant aujourd'hui ce Catalogue qui contient 800 espèces environ, je n'ai pas la prétention de publier une liste complète des Lépidoptères qui habitent notre département. Il y a encore de très nombreuses découvertes à faire pour ceux de mes chers collègues qui trouveront avec raison mon travail insuffisant.

J'ai suivi le catalogue de MM. Staudinger et Wocke (édition 1871) dont les numéros précèdent les espèces que je mentionne. Comme synonymie et bibliographie, c'est à mon avis le plus complet jusqu'à ce jour. Si leur méthode est critiquée, c'est peut-être à tort, car aucune classification n'est parfaite. En tout cas, c'est celle qui est aujourd'hui la plus généralement adoptée par les lépidoptéristes.

Bien que j'aie récolté des milliers de papillons et élevé nombre de chenilles depuis 1868, il m'eût été impossible de terminer ce travail sans les leçons de mon regretté ami, P. Grolleau, savant et trop modeste entomologiste, membre de la Société académique, et sans les notes et renseignements fournis par MM. Dubochet, Ollivry frères, Soreau, Barret et Bruneau, auxquels j'adresse ici mes sincères remerciements.

Nantes, le 4 mars 1884.

J.-H. DEHERMANN-ROY.

PREMIÈRE PARTIE.

—

MACROLEPIDOPTERA.

RHOPALOCERA.

—

Fam. I. — PAPILIONIDAE.

Gen. 1. — Papilio (L.)

1*— PODALIRIUS (L.) — Nantes, Savenay, La Chapelle-sur-Erdre. C. mai, juillet, jardins, lisières des bois, côteaux au midi. (Deux générations.) — Chenille sur le prunellier, le pêcher, le pommier, juillet.

3 — MACHAON (L.) — C. Nantes, Savenay, La Chapelle-sur-Erdre, mai, juillet, août, potagers et prairies. (Deux générations.) — Chenille sur les carottes et le fenouil, mai, juillet et septembre; une partie des chrysalides d'automne éclot quinze jours après; l'autre partie (chrysalides grises) hiverne pour éclore au printemps.

Fam. II. — PIERIDAE.

Gen. 6. — Aporia (Hb.)

27 — CRATAEGI (L.) — A. C. Nantes, Savenay, juin, prairies. — Chenille sur l'aubépine.

* Les numéros des familles, genres et espèces correspondent au Catalogue Staudinger et Wocke ; s'y reporter pour la synonymie et la bibliographie.

GEN. 7. — PIERIS (Schrk.)

31 — BRASSICAE (L.) — T. C. dans toute la Loire-Inférieure pendant la belle saison. (Deux générations.) — Chenille sur les choux et autres crucifères par petits groupes.

34 — RAPAE (L.) — T. C. dans toute la Loire-Inférieure pendant la belle saison. (Deux générations.) — Chenille sur les crucifères, la rave, les choux, en mai et septembre.

36 — NAPI (L.) — C. dans toute la Loire-Inférieure, toute l'année, bois et prairies. — Chenille sur le réséda, la capucine, en juin, septembre et octobre.

40 — DAPLIDICE (L.) — Avril, juillet. Gasché, bords de l'Erdre, prairie de Mauves, Saint-Nazaire, Portnichet, Le Pouliguen. T. C. — Chenille sur le *Reseda lutea*.

V. BELLIDICE. — C. Pouliguen, avril. (Première génération.)

GEN. 8. — ANTHOCHARIS (Bdv.)

44 — BELIA (Cr.) — (Première génération.) Saint-Brevin, Le Pouliguen. A. C. mars, avril. — Chenille sur les crucifères en juillet et août.

VAR. AUSONIA (Hb.) — (Deuxième génération.) Saint-Brevin, Le Pouliguen. A. C. de juillet à octobre. — Chenille sur les crucifères.

47 — CARDAMINES (L.) — Nantes, Savenay, La Chapelle-sur-Erdre. C. printemps. — Chenille sur la cardamine des prés en juillet. Reste onze mois en chrysalide.

GEN. 10. — LEUCOPHASIA (Stph.)

54 — SINAPIS (L.) — Nantes, Savenay. C. mai, bois,

prairies. — Chenille en juin et septembre sur la gesse des prés, les *Lotus*, *Lathyrus*.

A. VAR. LATHYRI (Hb.) — (Première génération.) Nantes, avril. C.

GEN. 13. — COLIAS (Fab.)

64 — HYALE (L.) — Nantes, Le Pouliguen, Machecoul Ancenis. A. C. pâturages, landes, mai, août, septembre. — Chenille sur les légumineuses, juin septembre.

72 — EDUSA (Fab.) — Loire-Inférieure. C. mai, juillet. août et septembre, champs, prairies, luzernières. — Chenille sur les trèfles et luzernes en mai et septembre.

A. AB. ♀ HELICE (Hb.) — Nantes, La Chapelle-sur-Erdre, Préfailles, août. A. R.

GEN. 14. -- RHODOCERA (Bdr.)

73 — RHAMNI (L.) — Loire-Inférieure. C. mars, avril, mai, juillet, hiverne et vole en février. — Chenille en juin sur le nerprun, la bourdaine.

Fam. III. – LYCAENIDAE.

GEN. 15. — THECLA (Fab.)

78 — BETULAE (L.) — Nantes. A. C. mai, juillet et août. — Chenille sur le chêne, le bouleau, le prunellier en août.

80 — W. ALBUM (Knock.) — Nantes, route de Paris. A. C. juin, bords des routes plantées d'ormes. — Chenille en mai sur l'orme.

81 — ILICIS (Esp.) LYNCEUS (F.) — Nantes, La Jonnelière, La Chapelle-sur-Erdre. C. juin, juillet. — Chenille en mai sur le chêne.

AB. ♀ CERRI. — Mêmes lieux d'habitation, mêmes

époques d'apparition de la chenille et de l'insecte parfait et aussi commune que le type.

91 — QUERCUS (L.) — T. C. Nantes, la Chapelle-sur-Erdre, Savenay, bois de Touchelaye, juin, juillet. — Chenille en mai sur le chêne.

94 — RUBI (L.) — T. C. Nantes, La Chapelle-sur-Erdre, Savenay, avril et mai. — Chenille sur la ronce, le genêt en août.

GEN. 17. — POLYOMMATUS (Latr.)

111 — DORILIS (Hufn.) XANTHE (F.) — Loire-Inférieure. C. avril, mai, juillet et août, prairies. — Chenille en juin et septembre sur le genêt à balais.

113 — PHLAEAS (L.) — T. C. Loire-Inférieure, avril, mai, juillet. — Chenille sur les rumex, septembre.

GEN. 19. — LYCAENA (F.)

121 — BOETICA (L.) — Nantes, Préfailles. A. C. août, jardins. — Chenille en juin, juillet sur les haricots, les pois de senteur et dans les siliques du baguenaudier.

128 — ARGIADES (Pall.) AMYNTAS (S. V.) — Savenay. A. C. juillet, prairies.

B. VAR. POLYSPERCHON (Berg.) — (Première génération.) Mai, Nozay. R.

132 — AEGON (S. V.) — Portnichet. T. C. juillet.

133 — ARGUS (L.) — La Chapelle-sur-Erdre. R. juillet.

146 — BATON (Berg.) HYLAS (S. V.) — A. R. Nantes, Toufou, Savenay, coteaux, lisières de forêt, juillet et août.

155 — ASTRARCHE (Bgstr.) AGESTIS (S. V.) — Mai, juillet, Loire-Inférieure, prés et bois. T. C.

160 — ICARUS (Rott.) ALEXIS (S. V.) — Mai, juillet, Loire-Inférieure. T. C. — Chenille sur la luzerne et autres légumineuses, avril, juillet.

164 — BELLARGUS (Rott.) ADONIS (S. V.) — Juin, Chémeré, dans les chaumes, Machecoul.

176 — ARGIOLUS (L.) — C. avril, mai, juin, août, Nantes, Savenay, La Chapelle-sur-Erdre, forêts, parcs, jardins, buissons. — Chenille sur la bourdaine, septembre.

179 — SEMIARGUS (Rott.) ACIS (S. V.) — C. Nantes, prairies et bois, mai, juillet, août.

182 — CYLLARUS (Rott.) — R. Sautron, landes de Chémeré, Nantes, prairie de Mauves, coteau du Chêne-Vert, mai, juin. — Chenille sur le *Genista tinctoria*.

186 — ALCON (S. V.) — R. forêt de Toufou, août.

Fam. IV. — ERYCINIDAE.

Gen. 20. — Nemeobius (Stph.)

190 — LUCINA (L.) — A. C. Clermont, bois de la Grande-Forêt, route de Machecoul, La Meilleraye, Saint-Fiacre, Saint-Philbert, Nantes, avril, mai, juin, lisières des bois, coteaux, clairières. — Chenille sur la primevère des bois, septembre.

Fam. VI. — APATURIDAE.

Gen. 23. — Apatura (F.)

193 — ILIA (Schiff. S. V.) — Nantes, Roche-Maurice, La Chapelle-sur-Erdre, prairies de la Loire, sur les saules. A. C. juin, juillet.

A. Ab. clytie (Sch. S. V.) — Mêmes localités et époques.

194 — IRIS (Schiff. S. V.) — Châteaubriant.

Fam. VII. — NYMPHALIDAE.

Gen. 24. — Limenitis (F.)

197 — CAMILLA (Sch. S. V.) — Savenay, Nantes, La

Chapelle-sur-Erdre, juin, juillet, août. C. — Chenille sur le chèvrefeuille, mai, juillet.

198 — SYBILLA (L.) — Savenay, bois de Touchelaye, Nantes, La Chapelle-sur-Erdre. A. C. — Chenille sur le chèvrefeuille des bois, mai.

GEN. 26. — VANESSA.

212 — C. ALBUM (L.) — Avril, juin, juillet, septembre, bois, vergers, haies. (Deux générations.) Nantes, Savenay, La Chapelle-sur-Erdre et généralement toute la Loire-Inférieure. C. partout. Hiverne et reparaît en avril. — Chenille vit isolément sur l'orme, le groseillier, mai, juillet.

213 — POLYCHLOROS (L.) — Mars, juin, août, Loire-Inférieure. C. partout. Hiverne et vole en hiver par les belles journées jusqu'en avril. — Chenille sur l'orme en sociétés nombreuses, mai, juin, août.

216 — URTICAE (L.) — C. Loire-Inférieure, juin, juillet et septembre. (Deux générations.) Hiverne et reparaît en mars, avril. — Chenille vit en société sur l'ortie dioïque en mai et août.

217 — IO (L.) — Avril, juillet, août, septembre. (Deux générations.) Loire-Inférieure. C. hiverne et reparaît en avril. — Chenille en société sur l'ortie, juin et août.

A. AB. IOÏDES (O.) — Nantes, 7 octobre, R.

218 — ANTIOPA (L.) — Loire-Inférieure, mai, juillet, bois, chemins. C. Hiverne et reparaît en mars, avril. — Chenille par groupes sur le saule en juin, juillet.

219 — ATALANTA. — Juillet, septembre, Loire-Inférieure. (Deux générations.) Hiverne et reparaît en mars, avril. C. partout. — Chenille sur l'ortie, juin et août. Elle vit solitaire dans une feuille repliée.

221 — CARDUI (L.) — C. Loire-Inférieure, mai, juillet, août et septembre, chemins, coteaux arides, jardins, champs de chardons. — Chenille solitaire sur les chardons et les mauves, dans un réseau de soie, mai, juin, juillet et août. Le papillon hiverne et reparaît en avril.

GEN. 28. — MELITAEA (F.)

227 — AURINIA (Rott.) ARTEMIS (S. V.) — C. Nantes, forêt de Toufou, Bouaye, Savenay, avril, mai, clairières et prairies.

229 — CINXIA (L.) — Loire-Inférieure, avril, mai, août, prairies. — Chenille sur le plantain, avril, juillet, vit en société dans le jeune âge. T. C.

231 — PHOEBE (S. V.) — Savenay, bords de l'Erdre. A. C. mai, juillet.

234 — DIDYMA (O.) — Nantes, Gasché, Ancenis. A. R. juin, juillet, août, septembre, coteaux arides. — Chenille sur le plantain lancéolé, avril.

239 — ATHALIA (Rott.) — Savenay, bords de l'Erdre, juin. A. R.

241 — PARTHENIE (Bkh.) PARTHENOIDES (Kef.) — Ancenis, La Chapelle-sur-Erdre, Nantes. C. mai, juillet. — Chenille sur le plantain en mai et août.

GEN. 29. — ARGYNNIS (F.)

245 — SELENE (Schiff. S.-V.) — Loire-Inférieure. A. C. bois et prairies humides, mai, juin.

247 — EUPHROSYNE (L.) — Loire-Inférieure. C. avril, mai, bois et prairies.

252 — DIA (L.) — Loire-Inférieure. C. mai, juin, juillet, septembre. (Deux générations). — Chenille en juin et septembre sur les violettes et pensées.

262 — LATHONIA (L.) — Loire-Inférieure. C. mai,

août, septembre, jardins, chemins. — Chenille en juin et septembre sur les violettes et les pensées.

265 — AGLAJA (L.) — Nantes, Vertou, Vieillevigne. R. juillet, bois, landes. — Chenille sur la *Viola canina,* juin.

267 — ADIPPE (L.) — Nantes, La Meilleraye. R. forêts, coteaux, juillet et août.

271 — PAPHIA (L.) — C. Loire-Inférieure, juillet et août, bois, fleurs de ronce et de chardon. — Chenille en mai sur la violette de chien (*Viola canina*).

272 — PANDORA (S. V.) — Gasché, Clisson, Machecoul, La Chapelle-sur-Erdre, Le Pouliguen, Portnichet, prairies de la rive gauche de la Loire au-dessus de Nantes, forêt de Touvois, La Haie-Fouassière, bois, fleurs de chardons, juin, juillet, août et septembre. (Espèce méridionale.) C.

Fam. IX. — SATYRIDAE.

Gen. 31. — Melanargia (Meig.)

275 — GALATEA (L.) — T. C. champs, bois, prairies, juin et juillet, Loire-Inférieure. — Chenille sur les graminées, avril, mai.

Gen. 34. — Satyrus (F.)

346 — SEMELE (L.) — Savenay, Portnichet, Saint-Brevin, rochers, dunes, bois de sapins, bruyères. C. juillet.

345 — STATILINUS (Hufn.) FAUNA (Hb.) — Ancenis, Préfailles, Portnichet, La Chapelle-sur-Erdre, champs arides, bois de sapins, bruyères. C. juin, juillet, août.

Gen. 35. — PARARGE (Hb.)

369 — MAERA (L.) ADRASTA (Dup.) — Nantes,

Savenay. A. C. mai, lieux arides. — Chenille en avril, juin, sur les graminées.

A. VAR. ET AB. ADRASTA (Hb.) MAERA (Esp. God.) A. C. mai, le long des murailles de jardins et les lieux arides. — Chenille sur les graminées.

371 — MEGAERA (L.) — C. Toute la Loire-Inférieure, avril, mai, juillet. — Chenille sur les graminées, avril, juin. Le papillon voltige le long des murs et des rochers.

372 — EGERIA (L.) MEONE (Esp.) — Loire-Inférieure. T. C. mars, avril, mai, juin, août, septembre. (Type du Midi.)

A. VAR. EGERIDES (Stgr.) AEGERIA (Esp.) — Type du Nord. C. Loire-Inférieure, forêt, bois.

GEN. 36. — EPINEPHELE (Hb.)

387 — JANIRA (L.) — Loire-Inférieure. T. C. partout juin, juillet, prés et bois. — Chenille sur le *Poa pratensis*, avril, mai.

391 — TITHONUS (L.) — Loire-Inférieure. T. C. partout, juillet, août. Voltige sur les fleurs de ronces. — Chenille sur le pâturin annuel (*Poa annua*), mai.

GEN. 37. — COENONYMPHA (Hb. Verz.)

398 — ARCANIA (L.) — Forêt du Gâvre. A. C. juin.

405 — PAMPHILUS (L.) — T. C. dans toute la Loire-Inférieure, avril, mai, juillet, prairies. — Chenille en avril, puis en juillet sur les graminées.

Fam. X. — HESPERIDAE.

GEN. 39. — SPILOTHYRUS (Dup.)

411 — ALCEAE (Esp.) MALVAE (S. V.) — Loire-Inférieure. C. mai, juin, juillet, septembre. — Chenille sur la mauve en mai et vit enfermée dans la feuille roulée.

421 — ALVEUS (Hb.) — Nantes, La Chapelle-sur-Erdre. A. C. juillet, prairies.

426 — MALVAE (L.) ALVEOLUS (Hb.) — La Chapelle-sur-Erdre, Nantes. A. C. avril, juin, septembre.

427 — SAO (Hb.) — Portnichet, Le Pouliguen. C. juillet.

GEN. 41. — NISONIADES (Hb.)

434 — TAGES (L.) — Loire-Inférieure. C. avril, mai, juin, juillet, août. — Chenille en mai, septembre, sur les légumineuses.

GEN. 42. — HESPERIA.

439 — THAUMAS (Hufn.) LINEA (S. V.) — C. Loire-Inférieure, juin. — Chenille sur les graminées.

440 — LINEOLA (O.) — Loire-Inférieure. C. juillet, bruyères, coteaux.

441 — ACTEON (Esp.) — Nantes, Portnichet. A. C. coteaux arides, juillet.

444 — SYLVANUS (Esp.) — Loire-Inférieure. C. bois, forêts, coteaux, juin, juillet, septembre.

GEN. 43. — CYCLOPIDES (Hb.)

452 — MORPHEUS (Pall.) ARACINTHUS (F.) — Forêt de Toufou, marais de Mazerolles. A. C. juillet. (Espèce très localisée.)

HETEROCERA.

A. SPHINGES (L.)

Fam. I. — SPHINGIDOE (B.)

GEN. 45. — ACHERONTIA.

457 — ATROPOS (L.) — Nantes et bords de l'Océan,

août, septembre, octobre, champs de pommes de terre. A. C. — Chenille sur la pomme de terre, juillet, août, octobre.

Gen. 46. — Sphinx (O.)

458 — CONVOLVULI (L.) — Nantes. C. août, septembre, sur les fleurs de pétunia, jardins. — Chenille sur le liseron des champs, juillet et août.

459 — LIGUSTRI (L.) — Nantes. C. juin. — Chenille juillet et août sur le laurier, le houx.

460 — PINASTRI (L.) – La Chapelle-sur-Erdre, Escoublac-la-Bôle. C. août, bois de pins. — Chenille sur les pins sylvestre et maritime, le pin d'Écosse, le cèdre, août, septembre.

Gen. 47. — Deilephila (O.)

464 — GALII (Rott.) — Nantes. Pris, en 1856, sur la route de Paris, sur les petunias, à quelques exemplaires, non retrouvé depuis.

467 — EUPHORBIAE (L.) — Pornichet. C. juin, juillet, août. — Chenille sur les euphorbes à la fin de juin, en juillet et août au bord des chemins, dans les endroits sablonneux.

471 — LIVORNICA (Esp.) LINEATA (F.) — Nantes, Savenay, La Chapelle-sur-Erdre, mai, sur le pétunia. A. R.

472 — CELERIO (L.) — La Haie-Fouassière, Nantes, La Chapelle-sur-Erdre. R. août, septembre et octobre.

476 — ELPENOR (L.) — Nantes. C. mai, juin, août, jardins, sur le pétunia. — Chenille sur le fuchsia et la vigne, juillet, septembre.

477 — PORCELLUS (L.) — Nantes. A. R. mai. — Chenille sur le caillelait-jaune (*Galium verum*), juillet.

Gen. 48. — Smerinthus (O.)

480 — TILIAE (L.) — Nantes, juillet. La Chapelle-sur-Erdre, Savenay. C. partout. — Chenille juillet et août, sur l'orme et le tilleul.

487 — OCELLATA (L.) — Nantes, Savenay, La Chapelle-sur-Erdre, Ancenis. C. avril, mai. — Chenille sur les saules, l'osier, le peuplier, le bouleau, le pommier, juillet, août et septembre.

488 — POPULI (L.) — Savenay, Nantes, La Chapelle-sur-Erdre, juin. A. C. — Chenille sur le peuplier, le tremble, le bouleau, juillet et septembre.

Gen. 49. — Pterogon (Bdv.)

491 — PROSERPINA (Pall.) OENOTHERAE (Schiff. S. V.) — Nantes, La Chapelle-sur-Erdre. A. R. juin. — Chenille en juillet et août sur le trèfle d'eau.

Gen. 50. — Macroglossa (O.)

493 — STELLATARUM (L.) — Loire-Inférieure. T. C. partout, août, septembre, vole en plein jour, jardins, prairies, le long des murs. — Chenille sur les caille-lait blanc et jaune, avril, juillet.

495 — BOMBYLIFORMIS (O.) — Nantes, La Chapelle-sur-Erdre, La Haie-Fouassière, mai. A. C. vole en plein jour. — Chenille sur les chèvrefeuilles, juillet, août, octobre.

496 — FUCIFORMIS (L.) — Nantes, La Chapelle-sur-Erdre, plus rare que le précédent, vole en plein jour, mai, juin, juillet. — Chenille sur les scabieuses, juillet, octobre.

Fam. II. — SESIIDAE (H. S.)

Gen. 51. — Trochilium (Sc.)

498 — APIFORMIS (Cl.) — Saint-Étienne-de-Mont-Luc,

bords des cours d'eaux plantés de peupliers, juin. C. — La chenille passe deux hivers dans le tronc des peupliers, cocon dans l'arbre ou près de l'aubier en terre; elle se chrysalide en avril.

GEN. 52. — SCIAPTERON (Stgr.)

501 — TABANIFORMIS (Rott.) ASILIFORMIS (Schiff. S. V.) — Juin. Nantes, localisé. — La chenille passe deux hivers dans le tronc des peupliers; elle se chrysalide en mai.

GEN. 53. — SESIA (Fab.)

511 — TIPULIFORMIS (Cl.) — Nantes, juin. A. R. — Chenille dans la tige du groseillier rouge (*Ribes rubrum*) ; se chrysalide en avril.

512 — CONOPIFORMIS (Esp.) NOMADAEFORMIS (Lasp.) — Bords de l'Erdre, mai. R.

519 — CULICIFORMIS (L.) — Trappe de Meillerayc.

535 — EMPIFORMIS (Esp.) — Trentemoult, près Nantes. C. juillet.

547 — MUSCAEFORMIS (V. W.) PHILANTHIFORMIS (Lasp.) — Prairie de Mauves, près Nantes, mai.

562 — CHRYSIDIFORMIS (Esp.) — Savenay, Saint-Nazaire, Rezé-lès-Nantes, mai, sur les asters, héliotropes d'hiver.

A. AB. ♂ CHALCOCNEMIS (Stgr.) — Nantes, juin (Ab. meridionale). Un exemplaire.

Fam. V. — ZYGAENIDAE (Bdv.)

GEN. 59. — INO (Leach.)

579 — PRUNI (Schiff. S. V.) — Carcouët, près Nantes, bord du taillis et chemin, juillet et août.

583 — GLOBULARIAE (Hb.) — Missillac, juin.

586 — STATICES (L.) — Savenay, La Chapelle-sur-

Erdre, La Morinière, Nozay, Chémeré, Toufou, Nantes, val de la Chézine. A. C. mai. — Chenille en mai sur la patience. (*Rumex acetosella.*)

GEN. 60. — ZYGAENA.

598 — SARPEDON (Hb.) — Portnichet, juillet, août. (Espèce méridionale.) C.

611 — TRIFOLII (Esp.) — Loire-Inférieure. C. partout, mai, juin. — Chenille en mai sur les trèfles.

A. AB. CONFLUENS GLICIRRHIZAE. (Hb.) — Avec le type, mais plus rare.

B. AB. AROBI (Hb.) — Avec le type, mais plus rare.

612 — LONICERAE (Esp.) — Savenay. C. juin, prairies.

614 — FILIPENDULAE (L.) — Machecoul, Missillac, juin.

B. BOMBYCES.

Fam. I. — NYCTEOLIDAE (H. S.)

GEN. 63. — SARROTHRIPA (Gn.)

650 — UNDULANA (Hb.) REVAYANA (S. V.) — Nantes. A. R. août, septembre.

GEN. 64. — EARIAS (Hb.)

653 — CHLORANA (L.) — Nantes, mai, juin. A. R. — Chenille en juillet sur l'osier; passe l'hiver en chrysalide.

GEN. 65. — HYLOPHILA (Hb.)

654 — PRASINANA (L.) — Nantes, La Chapelle-sur-Erdre, bois de hêtres et de chênes, juillet, août. C. — Chenille sur le chêne et le hêtre, septembre, octobre.

655 — BICOLORANA (Fuessl.) QUERCANA (S. V.) — La Chapelle-sur-Erdre. A. C. mai, juillet, bois de chênes, bouleaux. — Chenille en septembre sur le chêne, le bouleau.

Fam. II. — LITHOSIDAE.

Gen. 68. — Nola (Leach.)

661 — STRIGULA (Schiff. S. V.) STRIGULALIS (Hb.) — Nantes, mai. A. C. — Chenille en mai sur le prunellier.

667 — ALBULA (S. V.) ALBULALIS (Hb.) — Nantes. R. juillet. Un exemplaire pris à l'Eraudière sur les bords de l'Erdre.

Gen. 70. — Nudaria (Stph.)

677 — MUNDANA (L.) — Gasché, juillet. R.

Gen. 71. — Calligenia (Dup.)

681 — MINIATA (Forst.) ROSEA (Fab.) — Nantes, bords du Cens, bords de l'Erdre, La Chapelle-sur-Erdre. C. juillet, août, taillis, lisières des bois. — Chenille en mai sur les lichens des arbres.

Gen. 72. — Setina (Scht.)

689 — MESOMELLA (L.) — La Chapelle-sur-Erdre, Clermont, juillet. A. C. lisières des bois, juillet. — Chenille sur les lichens, se cache le jour dans les feuilles sèches au pied des arbres, avril et mai.

Gen. 73. — Lithosia.

691 — GRISEOLA (Hb.) — Portnichet. R. fin juillet

693 — LURIDEOLA (Zinck.) COMPLANULA (Bdv.) — C. Nantes, bords de l'Erdre, buissons, bois, juin, juillet et août. — Chenille sur les lichens des chênes et des érables en avril, mai.

695 — COMPLANA (L.) — A. R. Loire-Inférieure, juin.

697 — CANIOLA (Hb.) — Toute la Loire-Inférieure et T. C. partout, mai, juin, juillet, août et septembre. (Espèce méridionale.) — Chenille sur les lichens des toits et des rochers, murailles, avril, mai, juin.

705 — SORORCULA (Hufn.) AUREOLA (Hb.) — Petit-Port, près Nantes. A. R.

GEN. 75. — GNOPHRIA (Stph.)

707 — QUADRA (L.) — C. La Chapelle-sur-Erdre, Nantes, les taillis, juillet et août. — Chenille sur les lichens des chênes, mai et juin.

Fam. III. — ARCTIIDAE (Stph.)

GEN. 77. — EMYDIA (Bdv.)

715 — STRIATA (L.) GRAMMICA (L.) — Paulx, Savenay, Portnichet. A. R. juillet. — Chenille sur le genêt, les chicoracées de novembre à mai.

GEN. 78. — DEIOPEIA (Stph.)

718 — PULCHELLA (L.) PULCHRA (Schiff. S. V.) — R. Préfailles, août.

GEN. 79. — EUCHELIA (B.)

719 — JACOBEAE (L.) — Toute la Loire-Inférieure. T. C. mai, juin, juillet, jardins, vergers, chemins. — Chenille sur le seneçon (*Senecio jacobeae*), juillet, août, septembre ; chrysalide passé l'hiver.

GEN. 80. — NEMCOPHILA (Stph.)

722 — RUSSULA (L.) — Toufou, Missillac, forêts, juin.

GEN. 81. — CALLIMORPHA (Lat.)

726 — HERA (L.) — Toute la Loire-Inférieure. C. partout, juillet, août. — Chenille d'octobre à mai sur le prunier, le prunellier, le genêt à balais.

A. Ab. lutescens (Stgr.) — Nantes, Savenay, Paimbœuf. — R. juillet.

Gen. 84. — Arctia (Schrk.)

733 — CAJA (L.) — T. C. Loire-Inférieure, avril, juin, septembre et octobre. — Chenille sur les fraisiers et plantes herbacées, mai, juin, juillet.

735 — VILLICA (L.) — A. C. Loire-Inférieure, mai, juin. — Chenille d'octobre à avril sur les plantes herbacées, le genêt, le chèvrefeuille.

736 — PURPURATA (L.) PURPUREA (L.) — Chauvé, juin.

744 — MACULATA (Laug.) CIVICA (Hb.) — Petit-Mars, juin.

Gen. 87. — Spilosoma (Stph.)

774 — FULIGINOSA (L.) — Nantes. C. juillet. — Chenille sur les plantains d'octobre, avril et juillet.

779 — MENDICA (Cl.) — Nantes, avril, mai, C. — Chenille en juillet sous les pierres, sous les décombres ; elle est polyphage sur les plantes herbacées.

780 — LUBRICIPEDA (Esp.) — Savenay, Nantes. A. C. mai, juin, jardins, bois, pâturages. — Chenille polyphage sur les plantes herbacées de septembre en avril.

781 — MENTHASTRI (Esp.) — C. Nantes, Savenay et toute la Loire-Inférieure, mai, jardins, prés. — Chenille de juillet à octobre sur les plantes herbacées et les arbres fruitiers.

Fam. IV. – HEPIALIDAE (H. S.)

Gen. 89. — Hepialus (F.)

785 — SYLVINUS (L.) — Nantes. A. C. mai, juin et septembre, prairies, buissons, lisières des bois. —

Chenille dans les racines des graminées, des phlox, en mars et juin, s'élève facilement dans les pots à fleurs où l'on plante des racines.

791 — LUPULINUS (L.) — Nantes. A. C. mai, juin, août, prairies, lisières des bois. — Chenille en janvier, février et juin, s'élève facilement dans les pots à fleurs où l'on plante des racines de graminée.

Fam. V. — COSSIDAE (H. S.)

Gen. 90. — Cossus.

797 — COSSUS (L.) LIGNIPERDA (F.) — Nantes, Savenay, La Chapelle-sur-Erdre. A. C. — Chenille dans l'intérieur des saules, des ormes, des racines d'osier, des bouleaux, des peupliers et des chênes. Elle vit deux ans, a toute sa taille en mai.

Gen. 91. — Zeuzera.

802 — PYRINA (L.) AESCULI (L.) — Nantes, Portnichet, Paimbœuf. A. R. juin, juillet et août. — Chenille dans la tige ou les branches des frênes, des ormes, houx, pommiers, bouleaux, tilleuls, lilas, chênes, marronniers d'Inde; se chrysalide en juin.

Fam. VI. — COCHLIOPODAE (Bdv.)

Gen. 96. — Heterogenea (Knoch.)

812 — LIMACODES (Hufn.) TESTUDO (Schiff. S. V.) — Nantes, Savenay, La Chapelle-sur-Erdre, taillis. C. juin. — Chenille sur les chênes, les hêtres, juillet, août, septembre. Fait sa coque en octobre, mais ne s'y chrysalide qu'en avril.

Fam. VII. — PSYCHIDAE.

Gen. 97. — Psyche (Schrk.)

815 — UNICOLOR (Hufn.) GRAMINELLA (Schiff. S. V.)

— Clermont, Nantes. C. — Fourreau sur les graminées, avril, mai.

847 — PLUMISTRELLA (Hb.) PLUMIGERELLA (Dup.) — Nozay, fin de mai.

GEN. 99. — FUMEA (Hb.)

868 — INTERMEDIELLA (Bruand.) NITIDELLA (Hof.) — Nantes, juin. C. — Fourreau sur le chêne, le charme.

Fam. VIII. — LIPARIDAE.

GEN. 101. — ORGYA (Och.)

878 — GONOSTIGMA (Fab.) — La Jonnelière, La Chapelle-sur-Erdre. C. juin. — Chenille sur le chêne, le prunellier, le noisetier, l'églantier, mai, juillet.

878 — ANTIQUA (L.) — Savenay, Nantes. C. juillet, septembre, jardins, forêts, champs de genêts. — Chenille en mai, août, sur le chêne, les arbres fruitiers, l'arbre de Judée, le genêt à balais.

GEN. 102. — DASYCHIRA (Stph.)

890 — FASCELINA (L.) — Loire-Inférieure. C. partout, juillet. — Chenille sur le *Genista scopariae* d'octobre à mai, juin.

892 — PUDIBUNDA (L.) — Loire-Inférieure. C. partout, avril, mai, juin. — Chenille sur le chêne, l'orme, le noyer, les arbres fruitiers, août, octobre.

GEN. 104. — LARIA (Hb.)

894 — L. NIGRUM (Mueller). V. NIGRUM (Fab.) — Nantes. R. juin.

GEN. 105. — LEUCOMA (Stph.)

895 — SALICIS (L.) — Nantes. T. C. juin, juillet. — Chenille sur les saules, les peupliers, mai et juin.

On trouve les chenilles, les chrysalides et les papillons en même temps.

Gen. 106. — Porthesia (Stph.)

899 — CHRYSORRHOEA (L.) — Toute la Loire-Inférieure. T. C. juillet, forêts, jardins, haies. — Chenille en avril, mai, sur le chêne, l'orme, l'aubépine, les arbres fruitiers.

900 — SIMILIS (Fuessl.) AURIFLUA (Fab.) — Savenay, Paimbœuf. C. juillet. — Chenille sur le chêne, l'aubépine, mai, juin.

Gen. 107. — Psilura (Stph.)

901 — MONACHA (L.) — La Chapelle-sur-Erdre, bois de La Meilleraye, taillis. A. C. certaines années. — Chenille de septembre à juin, sur le chêne, le bouleau, le hêtre.

Gen. 108. — Ocneria (H. S.)

902 — DISPAR (L.) — T. C. toute la Loire-Inférieure, juillet, août, forêts, chemins, jardins, juillet, août. — Chenille en mai, juin, sur tous les arbres fruitiers et forestiers.

Fam. IX. — BOMBYCIDAE (Bdv.)

Gen. 110. — Bombyx (Bdv.)

911 — CRATAEGI (L.) — Nantes, septembre. A. R. — Chenille d'octobre à mai sur l'aubépine, le prunellier, le bouleau, le chêne, le saule.

912 — POPULI (L.) — Nantes, janvier. A. C. — Chenille en mars, mai, juin sur le prunier, le hêtre, le peuplier, le chêne.

916 — NEUSTRIA (L.) — Nantes et toute la Loire-Inférieure. T. C. juin, juillet, jardins, vergers. — Che-

nille en famille sur tous les arbres fruitiers et forestiers en mai.

924 — TRIFOLII (S. V.) — Nantes, coteaux du Chêne-Vert. A. C. août, pâturages. — Chenille sur les genêts, les luzernes, de septembre à mai.

A. AB. MEDICAGINIS (Bork). — Nantes. A. C.

920 — LANESTRIS (L.) — Nantes, coteaux du Chêne-Vert, Machecoul, février, mars, avril. A. C. — Chenille en société sur les haies de prunellier et d'aubépine, mai, juin. La chrysalide reste souvent deux, trois et quatre ans avant d'éclore.

925 — QUERCUS (L.) — Nantes et toute la Loire-Inférieure. — Chenille polyphage sur les arbres fruitiers et forestiers, sur la ronce, le groseillier, le lilas, l'orme, le prunellier, le genêt, de septembre à juin.

926 — RUBI (L.) — Loire-Inférieure. C. juin, forêts, vergers, prairies. — La chenille éclot fin juin et parvient à toute sa taille en octobre, passe l'hiver sous la mousse, les feuilles mortes, dans les ronces, mange, l'hiver, des feuilles sèches et les jeunes pousses des plantes herbacées; se chrysalide en mai. Difficile à élever.

GEN. 112. — LASIOCAMPA (Latr.)

934 — PRUNI (L.) — Nantes. R. juillet, jardins. (Espèce méridionale.)

935 — QUERCIFOLIA (L.) — Savenay, Saint-Aignan. A. R. juillet, jardins, vergers. — Chenille sur les arbres fruitiers de septembre à juin.

936 — POPULIFOLIA (S. V.) — R. Nantes, juillet. — Chenille sur les saules et les peupliers de septembre à juin.

937 — TREMULIFOLIA (Hb.) BETULIFOLIA (O.) —

Nantes, route de Paris, mai. — Chenille, septembre, ormeaux.

938 — ILICIFOLIA (L.) — Missillac, avril. — Chenille en septembre.

Fam. X. – ENDROMIDAE (Bdv.)

GEN. 113. — ENDROMIS.

946 — VERSICOLORA (L.). — La Chapelle-sur-Erdre. R. — Chenille sur le bouleau en juin et juillet.

Fam. XI. – SATURNIDAE (Bdv.)

GEN. 114. — SATURNIA (Schrk.)

950 — PYRI (Schiff. S. V.) — Nantes et toute la Loire-Inférieure. C. partout, mai, juin, jardins, vergers. — Chenille sur le poirier. Elle reste parfois deux et trois ans en chrysalide et paraît à la fin de juillet.

952 — PAVONIA (L.) CARPINI (Schiff. S. V.) — Loire-Inférieure. C. partout, mars, avril. — Chenille sur le prunellier, la ronce, de mai à juillet ; vivent en famille jusqu'à la troisième mue ; elles restent deux et trois ans en chrysalide.

Fam. XII. – DREPANULIDAE (Bdv.)

GEN. 116. — DREPANA (Schrk.)

957 — FALCATARIA (L.) FALCULA (Sch. S. V.) — Mai, Nantes, Toufou, La Chapelle-sur-Erdre. A. C. lisière des bois. — Chenille sur le bouleau, le tremble, le saule.

961 — BINARIA (Hufn.) HAMULA (S. V.) — A. C. mai, juillet, août, Nantes, chêne. — Chenille sur le chêne.

GEN. 117. — CILIX (Leach.)

963 — GLAUCATA (Sc.) SPINULA (Schiff. S. V.) —

Nantes, mai, juin, août. A. C. dans les buissons. — Chenille sur le prunellier, l'aubépine en juin, septembre. (Deux générations.)

Fam. XIII. — NOTODONTIDAE.

Gen. 118. — Harpya (O.)

966 — FURCULA (L.) — Nantes, Saint-Aignan, mai.

739 — ERMINEA (Esp.) — Nantes. R. juin. — Chenille sur le peuplier.

970 — VINULA (L.) — Nantes, La Chapelle-sur-Erdre. C. mai, juin. — Chenille sur les peupliers suisse et de la Caroline, le bouleau, le tremble, juin, juillet, août.

Gen. 119. — Stauropus (Germ.)

971 — FAGI (L.) — Nantes, La Madeleine, route de Paris, La Chapelle-sur-Erdre. A. R. les taillis, mai. — Chenille sur le noisetier.

Gen. 121. — Hybocampa (L.)

974 — MILHAUSERI (Fab.) — Nantes, Roche-Maurice, mai.

Gen. 122. — Notodonta (O.)

975 — TREMULA (Cl.) DICTAEA (L.) — Nantes, Ancenis, La Chapelle-sur-Erdre. A. C. mai. — Chenille sur le peuplier, le saule, le bouleau, juin, septembre ; se chrysalide en terre.

977 — ZICZAC (L.) — Nantes, La Chapelle-sur-Erdre. A. C. juin, août. — Chenille sur le peuplier, le bouleau, le chêne, septembre ; se chrysalide entre deux feuilles.

978 — TRITOPHUS (S. V.) — Nantes, La Chapelle-sur-Erdre. A. R. peupliers.

979 — TREPIDA (Esp.) TREMULA (S. V.) — Nantes, chemin de Carcouet, avril.

981 — DROMEDARIUS (L.) — Nantes. R. mai.

982 — CHAONIA (S. V.) — Nantes.

983 — QUERNA (S. V.) — Nantes.

984 — TRIMACULA (Esp.) DODONEA (Frr.) — Un exemplaire pris à La Chapelle-sur-Erdre.

Av. et Ab. DODONEA (S. V.) — Nantes.

GEN. 123. — LOPHOPTERYX.

989 — CAMELINA (L.) — Nantes, La Chapelle-sur-Erdre. A. C. avril, mai, juillet, août. — Chenille sur le chêne, le bouleau, le hêtre, le peuplier, juin, juillet, septembre, octobre ; se chrysalide en terre.

GEN. 124. — PTEROSTOMA (Germ.)

991 — PALPINA (L.) — Nantes, juillet. A. C. — Chenille sur les peupliers, les saules, juin, septembre, octobre ; se chrysalide en terre.

GEN. 125. — DRYNOBIA.

994 — MELAGONA (Bork). — Nantes.

GEN. 128. — CNETHOCAMPA (Stph.)

998 — PROCESSIONEA (L.) — La Chapelle-sur-Erdre, Carquefou. A. R. août. — Chenille en société sur le chêne en juin, se chrysalide en commun au pied de l'arbre, sous une toile commune où restent les poils de la chenille qui causent de vives démangeaisons si on y touche.

GEN. 129. — PHALERA (Hb.)

1002 — BUCEPHALA (L.) — Nantes, Savenay, La Chapelle-sur-Erdre. C. juin, juillet. — Chenille sur le bouleau, le peuplier, le chêne, le hêtre, de juillet à octobre. Passe l'hiver en chrysalide.

GEN. 130. — PYGAERA (O.)

1007 — CURTULA (L.) — La Chapelle-sur-Erdre, Nantes, mai, août. C. — Chenille sur les peupliers, les saules, juin et octobre. Vit et se chrysalide entre deux feuilles liées par de la soie.

1009 — ANACHORETA (Fab.) — Nantes (chemin du Massacre).

1010 — PIGRA (Hufn.) RECLUSA (Fab.) — La Chapelle-sur-Erdre, mai, août. A. C. — Chenille sur le tremble, le saule Marceau, juin et septembre. Vit et se chrysalide entre deux feuilles liées.

Fam. XIV. — CYMATOPHORIDAE (H. S.)

GEN. 131. — GONOPHORA (Brd.)

1011 — DERASA (L.) — Nantes, bords de la Chézine, Carcouët, Chauvé, juillet. R. miellée. — Chenille sur le framboisier, septembre.

GEN. 132. — THYATIRA (O.)

1012 — BATIS (L.) — Nantes, La Chapelle-sur-Erdre, miellée. C. juillet et août. — Chenille sur le framboisier, juin, septembre.

GEN. 133. — CYMATOPHORA (Tr.)

1014 — OCTOGESIMA (Hb.) OCULARIS (Gn.) — Nantes, bords de la Chézine, Escoublac, 18 juillet. A. R. miellée. — Chenille sur le peuplier, entre deux feuilles, juillet, septembre. (Deux générations.)

GEN. 134. — ASPHALIA (Hb.)

1023 — RIDENS (F.) — Nantes, La Chapelle-sur-Erdre. A. C. avril et août. — Chenille sur le chêne, en juin et octobre. (Deux générations.)

C. NOCTUAE.

Fam. I. — BOMBYCOIDES (Stph.)

Gen. 135. — Diloba (Stph.)

1024 — CAERULEOCEPLALA (L.) — Nantes. A. C. septembre. — Chenille sur l'aubépine, le prunellier, les arbres fruitiers, avril, mai.

Gen. 137. — Arsilonche (Ld.)

1028 — ALBOVENOSA (Gotze) VENOSA (Bork.) — Marais de l'Erdre.

Gen. 141. — Demas (Stph.)

1033 — CORYLI (L.) — La Chapelle-sur-Erdre, 4 juillet.

Gen. 142. — Acronycta (O.)

1035 — LEPORINA (L.) — La Chapelle-sur-Erdre. A. R. août. — Chenille sur le bouleau, septembre.

1036 — ACERIS (L.) — Nantes, mai, juin. C. — Chenille sur l'ormeau, juillet et août.

1037 — MEGACEPHALA (Fab.) — Juin, Nantes. C. à la miellée. — Chenille sur le peuplier, le tremble, le bouleau, septembre, novembre.

1038 — ALNI (L.) — Eclos d'une chenille prise par M. Grolleau dans la Loire-Inférieure. Un exemplaire.

1042 — TRIDENS (S. V.) — Nantes, juin.

1043 — PSI (L.) — C. dans toute la Loire-Inférieure à la miellée. Ancenis, juillet, août. — Chenille sur le *Salix cinerea*, l'églantier, les arbres fruitiers, l'orme, le bouleau, juillet, septembre.

1047 — AURICOMA (Fab.) — Nantes, plus rare que la précédente. — Chenille sur le poirier.

1053 — RUMICIS (L.) — Toute la Loire-Inférieure, mai, juin, juillet, août. T. C. à la miellée. — Chenille sur les plantes herbacées, le poirier, juillet, août, septembre.

1055 — LIGUSTRI (Fab.) — Nantes. C. à la miellée, juillet, août. — Chenille sur le frêne, le troène, juin, juillet, août.

GEN. 143. — BRYOPHILA (Tr.)

1066 — ALGAE (Fab.). — Nantes. A. C. juillet à la miellée. — Chenille en mai sur les lichens des ormes.

A. AB. MENDACULA (Hb.) — Nantes, juillet, août. A. C. à la miellée.

1068 — MURALIS (Forst.) GLANDIFERA (Hb.) — Nantes, La Chapelle-sur-Erdre. T. C. juillet, août à la miellée, forêts, jardins, murailles. — Chenille sur les placodium, les lichens. Se tient cachée le jour, mai, juin.

A. VAR. PAR (Hb.) — Nantes. C. mêmes époques que les précédentes, et comme elle, se prend à la miellée aux mêmes endroits.

1070 — PERLA (Fab.) — Ancenis.

GEN. 145. — MOMA (Hb.)

1073 — ORION (Esp.) — Nantes, coteau du Chêne-Vert et vallée de la Chézine, Pontchâteau, La Chapelle-sur-Erdre. A. R. juin. — Chenille sur le chêne, juin, juillet, août. Fait une coque ovoïde en septembre, comme le bombyx.

NOCTUIDAE (Bdv).

GEN. 148. — AGROTIS (O.)

1076 — STRIGULA (Thnb) PORPHYREA (Hb.) — Nantes.

1081 — JANTHINA (Esp.) — Nantes. C. juin, juillet, août, septembre, sous le lierre, en battant les haies à la miellée. — Chenille en février, mars, sur le lierre terrestre, les oseilles.

1082 — LINOGRISEA (S. V.) — Nantes, La Chapelle-sur-Erdre, août, septembre. A. R. à la miellée. — Chenille en mars dans les feuilles sèches, là où croissent le lierre terrestre et les violettes.

1083 — FIMBRIA (L.) — Nantes. C. certaines années à la miellée, juillet. — Chenille sur la primevère en avril.

1084 — INTERJECTA (Hb.) — Nantes, Saint-Philbert, juillet, août. C. à la miellée. — Chenille en avril sur les plantes herbacées.

1091 — OBSCURA (Brahm.) RAVIDA (Hb.) — Missillac, sous l'écorce, septembre.

1092 — PRONUBA (L.) — Loire-Inférieure, du commencement de mai à la fin d'octobre. T. C. à la miellée partout. — Chenille en mars sur toutes les plantes herbacées.

A. Ab. innuba (Tr.) — Nantes. C. mêmes époques que la précédente (miellée).

1093 — ORBONA (Hufn.) SUBSEQUA (Hb.) — Nantes, septembre. A. R. à la miellée. — Chenille en avril, sur les plantes herbacées.

1094 — COMES (Hb.) ORBONA (Fab.) — Loire-Inférieure, juin, juillet, août, septembre, octobre. T. C. à la miellée. — Chenille en avril sur les plantes herbacées et potagères, les arbres fruitiers.

1104 — BAJA (Fab.) — Nantes, août. R. à la miellée. — Chenille en avril sur les plantes herbacées.

1104 — C. NIGRUM (L.) — Nantes, La Chapelle-sur-Erdre, août. T. C. à la miellée. — Chenille polyphage en avril, mai, sur les plantes herbacées.

1122 — XANTHOGRAPHA (Fab.) — Nantes. T. C. à la miellée, août, septembre. — Chenille en avril sur les graminées.

1124 — UMBROSA (Hb.) — Nantes.

1125 — RUBI (View. Verz.) BELLA (Bork.) — Nantes, La Chapelle-sur-Erdre, septembre. A. C. à la miellée. — Chenille en avril dans les feuilles sèches des bois humides ; vit de plantes herbacées.

1133 — GLAREOSA (Esp.) HEBRAICA (Hb.) — Nantes. A. R. à la miellée, septembre, octobre. — Chenille en avril, mai sur les plantes herbacées, les genêts.

1148 — PLECTA (L.) — Nantes, juillet et août. C. à la miellée. — Chenille en septembre sur les plantes herbacées renouées.

1149 — LEUCOGASTER (Frey.) — Nantes, La Chapelle-sur-Erdre, juillet, août, septembre, octobre, miellée. C. certaines années. (Espèce méridionale.)

1157 — PYROPHILA (Fab.) SIMULANS (Hufn.) — Le Mâtinais (Missillac).

1190 — PUTA (Hb.)? — Ancenis, suivant Grolleau. Le type *Puta,* tel qu'il est figuré par Godart, tome 5, pl. 67, fig. 7, n'ayant jamais été pris, à ma connaissance, dans la Loire-Inférieure, que par MM. Grolleau et Millière (*Icones,* t. 3, p. 123), assurant qu'il est sans doute inconnu en France, n'est marqué ici qu'avec un point d'interrogation malgré le crédit qu'on doit ajouter à l'assertion de M. Grolleau.

A. Ab. LIGNOSA (God.) — Nantes, La Chapelle-sur-Erdre. C. à la miellée, juillet, août, septembre. — Chenille sur les plantes herbacées en avril.

1191 — EXCLAMATIONIS (L.) — Nantes, avril, juin, août. C. à la miellée. — Chenille en février, mars sur les primevères, les violettes et autres plantes herbacées et potagères.

1215 — TRITICI (L.) — Nantes. A. C. certaines années,

à la miellée, juillet, août. — Chenille en mars, avril dans les touffes des graminées.

1220 — OBELISCA (Hb.) — Frossay, Nantes. A. R. août.

1226 — SAUCIA (Hb.) — Nantes, La Chapelle-sur-Erdre. C. à la miellée, juillet, août, septembre et octobre. — Chenille en avril, mai sur les oseilles, les laiterons (*Souchus arvensis*).

A. AB. MARGARITOSA (Hw.) AEQUA (Hb.) — Nantes, La Chapelle-sur-Erdre, Le Pouliguen. (Mêmes époques d'apparition que le type.) C. à la miellée.

1227 — TRUX (Hb.) — Nantes, bords de la Chézine. R. septembre, miellée.

1229 — YPSILON (Rott.) SUFFUSA (Hb.) — Nantes. C. à la miellée, juillet, août, septembre. — Chenille en avril, mai sur le laiteron des champs, bois et jardins.

1230 — SEGETUM (S. V.) CLAVIS (Rott.) — Loire-Inférieure. T. C. à la miellée, de juin à octobre. — Chenille polyphage au pied des plantes herbacées et potagères.

1233 — CRASSA (Hb.) — Nantes, route de Paris, bords de la Chézine. R. à la miellée, août. — Chenille en avril dans les racines des graminées.

1241 — VESTIGIALIS (Rott.) VALLIGERA (Hb.) — Ancenis, Le Pouliguen. A. C. août. — Chenille en avril sur les chardons, lieux incultes.

GEN. 151. — NEURONIA (Hb.)

1250 — POPULARIS (Fab.) LOLII (Esp.) — Nantes. R. septembre.

GEN. 152. — MAMESTRA (Tr.)

1260 — THALASSINA (Rott.) — Environs de Nantes.

1261 — DISSIMILIS (Knock.) SUASA (Bkh.) — Nantes.

T. C. à la miellée, juillet, août. — Chenille sur les plantes herbacées en septembre.

1262 — PISI (L.) — Nantes.

1263 — BRASSICAE (L.) — Toute la Loire-Inférieure. T. C. à la miellée, juin, juillet, août, septembre. — Chenille en juin sur les choux dans le cœur.

1265 — PERSICARIAE (L.) — Ancenis.

1273 — OLERACEA (L.) — Toute la Loire-Inférieure. T. C. à la miellée, d'avril à septembre. — Chenille en avril, juillet sur les plantes herbacées et potagères.

1274 — GENISTAE (Bk.) — Nantes, Dervallières. — Chenille sur les genêts.

1276 — DENTINA (Esp.) — Saint-Étienne-de-Mont-Luc, Toufou, Nantes, Missillac, juin, juillet. A. C. — Chenille fin avril sur les *Taraxacum*.

1278 — PEREGRINA (Tr.) — Le Pouliguen. A. C. mai, juin. — Chenille sur le *Sueda fruticosa,* août.

1286 — TRIFOLII (Rott.) CHENOPODII (Fab.) — Nantes. T. C. à la miellée de juin à octobre. — Chenille en septembre, octobre sur les *Rumex polygonum genista,* oseilles renouées, genêts.

1291 — CHRYSOZONA (Bork.) DYSODEA (Hb.) — Chauvé, Nantes, juin, juillet, août. — Chenille en juillet sur les panicules de la laitue cultivée.

GEN. 153. — DIANTHOECIA (Bdv.)

1311 — NANA (Rott.) CONSPERSA (Esp.) — Nantes.

1313 — ALBIMACULA (Bork.) — Le Pouliguen. falaise du Codan, juillet. R. 30 juillet.

1314 — COMPTA (Fab.) — Même localité et meme date que la précédente.

1315 — CAPSINCOLA (Hb.) — Nantes, La Morinière,

les Dervallières, Ancenis, mai, juin. C. — Chenille dans les capsules de la *Lychnis dioïca* en juillet ; reste en chrysalide un an.

1316 — CUCUBALI (Fuess.) — Nantes, Doulon, mai. R. — Chenille fin juin sur la *Silene inflata* dans les capsules et au pied de la plante le jour ; reste un an en chrysalide.

1324 — IRREGULARIS (Hufn.) ECHII (Bork.) — Portnichet, août. R.

GEN. 158. — HELIOPHOBUS (Bdv.)

1337 — HISPIDA (Hubn.) — Le Pouliguen.

GEN. 160. — APOROPHYLA (Gn.)

1341 — LUTULENTA (Bork.) — Saint-Brevin, Nantes. A. C. à la miellée, septembre, octobre. — Chenille en avril sur les genêts.

1343 — NIGRA (Hw.) AETHIOPS (O.) — Nantes, à la miellée, octobre. A. C. — Chenille sur les oseilles, les plantains, les genêts en avril.

GEN. 162. — EPUNDA (Dup.)

1348 — LICHENEA (Hb.) — Saint-Brevin, Mindin, octobre. R. (Espèce méridionale.) — Chenille en avril sur les *Rumex* et l'oseille cultivée.

GEN. 163. — POLIA (Tr.)

1351 — FLAVICINCTA (Fab.) — Nantes, septembre. C. à la miellée, sur les murs, les troncs d'arbres. — Chenille sur les genêts.

A. VAR. MERIDIONALIS (Bdv.) — Nantes, septembre. (Variété méridionale.)

1356 — CANESCENS (Dup.) — Saint-Géréon, sur un *Echium* desséché, octobre. — Chenille en avril, mai sur les plantes herbacées.

GEN. 165. — DRYOBOTA (Ld.)

1363 — ROBORIS (Bdv.) — Nantes. A. C. septembre. — Chenille en mai sur le chêne.

1366 — PROTEA (Bork.) — Nantes. A. C. à la miellée, septembre. — Chenille en juin sur le chêne.

GEN. 166. — DICHONIA (Hb.)

1367 — APRILINA (L.) — La Mâtinais, Missillac, septembre et octobre à la miellée.

GEN. 167. — CHARIPTERA (Gn.)

1370 — VIRIDANA (Walch.) CULTA (Fab.) — La Chapelle-sur-Erdre, à la miellée.

GEN. 168. — MISELIA (Stph.)

1372 — OXYACANTHAE (L.) — Nantes, bords de la Chézine, La Chapelle-sur-Erdre. A. C. à la miellée, octobre. — Chenille en avril, mai sur l'aubépine, le prunellier, le poirier, le cerisier.

GEN. 171. — APAMEA (Tr.)

1376 — TESTACEA (Hb.) — Nantes.

1378 — DUMERILII (Dup.) — Escoublac, sur le peuplier, 23 septembre.

1379 — HAWORTHII (Curt.) — Sucé.

GEN. 172. — LUPERINA (Bdv.)

1381 — MATURA (Hufn.) CYTHEREA (Fab.) — Nantes, A. C. juillet, août, septembre, à la miellée. (Espèce méridionale.) — Chenille d'octobre à avril dansles touffes de graminées.

GEN. 173. — HADENA (Tr.)

1400 — OCHROLEUCA (Esp.) — Ancenis, Nantes, coteau du Chêne-Vert, Mauves, sur les fleurs de chardon, en plein jour, juillet.

1419 — MONOGLYPHA (Hufn.) POLYODON (L.) — Nantes, Préfailles. C. juillet, août, à la miellée. — Chenille en avril dans les racines de graminées et des plantes herbacées.

1420 — LITHOXYLEA (Fab.) — Nantes, chemin du Massacre, bords de la Chézine. A. C. juin à la miellée. — Chenille aux mêmes époques et dans les mêmes lieux que la précédente.

1425 — BASILINEA (Fab.) — Nantes, bords de la Chézine. R. 9 juin, à la miellée. — Chenille en septembre, octobre dans les gerbes de blé en grange. Se nourrit des grains du blé.

1433 — DIDYMA (Esp.) OCULEA (Gn.) — Loire-Inférieure. T. C. à la miellée, juin, juillet, août, septembre. — Chenille en avril dans les touffes de graminées du genre Calamagrostis.

A. Ab. NICTITANS (Esp.) — Loire-Inférieure. T. C. à la miellée avec le type, de juin à octobre.

1440 — STRIGILIS (Cl.) — Nantes. C. à la miellée, mai. — Chenille en mars dans les touffes des graminées, au collet des racines.

A. Ab. LATRUNCULA (Hb.) — Nantes, à la miellée avec le type.

1442 — BICOLORIA (Wil.) FURUNCULA (Tr.) — Nantes. C. à la miellée, juillet, août. — Chenille dans les tiges basses des graminées.

A. Ab. FURUNCULA (Hb.) — Nantes. C. à la miellée avec le type.

B. Ab. RUFUNCULA (Hw.) — Nantes. A. R. à la miellée (variété d'Angleterre).

GEN. 174. — DYPTERYGIA (Stph.)

1445 — SCABRIUSCULA (L.) PINASTRI (L.) — Nantes,

forêt de Toufou, Blain. C. juillet, août, à la miellée. — Chenille en avril sur les oseilles (*Rumex acetosella*).

GEN. 177. — CLOANTHA.

1449 — POLYODON (Cl.) PERSPICILLARIS (L.) — La Chapelle-sur-Erdre.

GEN. 178. — ERIOPUS (Tr.)

1452 — PURPUREO FASCIATA (Piller) PTERIDIS (Fab.) La Chapelle-sur-Erdre, Nantes, coteaux du Chêne-Vert. A. C. juin. (Espèce méridionale.) — Chenille en août sur la fougère *Pteris aquilina*, sur les feuilles; se chrysalide en terre. Reste en chrysalide un an.

GEN. 179. — POLYPHAENIS (Bdv.)

1454 — SERICATA (Esp.) PROSPICUA (Bork.) — Nantes, route de Paris, La Contrie, La Chapelle-sur-Erdre, Saint-Colombin, à la miellée, juillet. A. R. — Chenille en avril sur le chèvrefeuille des bois.

GEN. 180. — TRACHEA (Hb.)

1457 — ATRIPLICIS (L.) — Loire-Inférieure. T. C. à la miellée, juillet, août, septembre. — Chenille sur les oseilles en septembre, octobre, bords des ruisseaux et sur les renouées (*Polygonum aviculare et dumetorum*).

GEN. 182. — TRIGONOPHORA (Hb.)

1459 — FLAMMEA (Esp.) EMPYREA (Hb.) — La Chapelle-sur-Erdre, Nantes, Corsept. A. C. à la miellée, septembre, octobre. — Chenille, avril et mai, sur le genêt à balais et le prunellier.

GEN. 183. — EUPLEXIA (Stph.)

1461 — LUCIPARA (L.) — Nantes, vallon de la Chézine,

bords de l'Erdre, avril, juin. A. C. — Chenille en septembre sur les ronces, les oseilles et différentes plantes herbacées.

GEN. 185. — BROTOLOMIA (Ld.)

1463 — METICULOSA (L.) — Loire-Inférieure. T. C. partout, février, mars, avril, mai, juin, août, septembre, octobre et à la miellée. — Chenille sur le géranium, la ronce, le framboisier et les plantes herbacées, de janvier à août.

GEN. 186. — MANIA (Tr.)

1464 — MAURA (L.) — Nantes, route de Paris, bords de la Chézine. T. C. à la miellée, juin, juillet, août, septembre. — Chenille en avril, mai, sur le prunellier, aulne, saule, poirier, oseille, mouron, cynoglosse, etc.

GEN. 187. — NAENIA (Stph.)

1465 — TYPICA (L.) — Nantes, bords de la Chézine, 21 juillet, à la miellée. A. C. — Chenille en avril sur le prunellier.

GEN. 190. — HELOTROPHA (Ld.)

1468 — LEUCOSTIGMA (Hb.) — Marais de l'Erdre.

GEN. 191. — HYDROECIA (Gn.)

1470 — MICACEA (Esp.) — Nantes, bords de la Chézine, 4 avril. R. — Chenille dans les tiges et les racines du *Rumex pratensis*, mai, juin.

GEN. 193. — NONAGRIA (O.)

1478 — CANNAE (O.) — Marais de l'Erdre.

1479 — SPARGANII (Esp.) — Marais de l'Erdre.

1480 — ARUNDINIS (Fab.) TYPHAE (Esp.) — Marais de l'Erdre.

1481 — GEMINIPUNCLA (Hatch.) PALUDICOLA (Hb.) — Marais de l'Erdre.

Gen. 197. — Tapinostola (Ld.)

1490 — FULVA (Hb.) — Marais de l'Erdre.

Gen. 202. — Leucania (O.)

1502 — IMPURA (Hb.) — Nantes, route de Paris, Sucé, à la miellée, juillet. A. R. — Chenille dans les touffes de graminées en avril, prés marécageux.

1503 — PALLENS (L.) — Nantes. T. C. à la miellée, juillet, août, septembre. — Chenille sur les graminées en mars, puis en août.

1506 — STRAMINEA (Tr.) — Nantes, route de Paris. A. R. à la mielllée, juillet. — Chenille, en mars, avril, dans les touffes de graminées, bords des eaux.

1525 — VITELLINA (Hb.) — Nantes. A. C. à la miellée, août, septembre. — Chenille en mars, avril dans les touffes des graminées.

1526 — LITTORALIS (Curt.) — Escoublac-la-Bôle. Un exemplaire, juillet.

1530 — L. ALBUM (L.) — Nantes. C. à la miellée, juin, août, septembre. — Chenille d'avril à juillet au pied des oseilles et des graminées, prairies humides.

1532 — ALBIPUNCTA (Fab.) — Loire-Inférieure. T. C. à la miellée, de juillet à octobre. — Chenille en avril sur le plantain ; la chercher au pied dans les feuilles sèches.

1533 — LYTHARGYRIA (Esp.) — Nantes, La Chapelle-sur-Erdre. A. C. à la miellée, juin, juillet, septembre. — Chenille d'octobre à avril sur les brômes.

Gen. 204. — Grammesia (Stph.)

1538 — TRIGRAMMICA (Hufn.) TRILINEA (Bork.) —

Nantes, La Contrie, Savenay. A. C. mai, juin. — Chenille en juillet, août, septembre sur les plantains; se chrysalide en octobre.

GEN. 208. — CARADRINA (O.)

1545 — MORPHEUS (Hufn.) — Nantes, L'Eraudière, juin, R.

1549 — CUBICULARIS (Bork.) QUADRIPUNCTA (Fab.) — Loire-Inférieure. T. C. partout à la miellée, aux lumières, mai à septembre. — Chenille sur les plantes herbacées de septembre à avril.

1564 — ALSINES (Brahm.) — La Mâtinais, en Missillac.

1567 — AMBIGUA (Fab.) PLANTAGINIS (Hb.) — Nantes, La Chapelle-sur-Erdre. T. C. à la miellée, avril, août, septembre. — Chenille d'octobre à mars sur le mouron, le plantain.

1568 — TARAXACI (Hb.) — Nantes, bords de la Chézine, 4 août. A. C. — Chenille d'octobre à mars sur les plantains, les oseilles, le mouron.

GEN. 210. — RUSINA (Bdv.)

1579 — TENEBROSA (Hb.) — Ancenis, juillet. — Chenille en janvier, février, mars, sur les violettes.

GEN. 211. — AMPHIPYRA (O.)

1583 — TRAGOPOGONIS (L.) — Nantes. A. C. juillet, à la miellée. — Chenille en avril sur les plantes herbacées.

1586 — PYRAMIDEA (L.) — Nantes. T. C. juin, juillet, août et septembre, à la miellée. — Chenille sur le rosier, le chêne, le saule, le poirier, l'orme, le troène, le chataignier.

GEN. 213. — TAENIOCAMPA (Gn.)

1593 — GOTHICA (L.) — Nantes. R.

1596 — MINIOSA (F.) — Nantes. A. R.

1597 — PULVERULENTA (Esp.) CRUDA (Tr.) — Nantes. A. C. mars. — Chenille sur le chêne de juin à septembre.

1599 — STABILIS (S. V.) — Nantes. T. C. mars, avril. Chenille de juin à septembre sur le chêne.

A. VAR. JUNCTUS (Haw.) — Nantes. A. C.

1600 — GRACILIS (Fab.) — Nantes. R. Ancenis, mars. Chenille de juin à septembre sur le chêne, l'*Artemisia vulgaris, genista tinctoria*, osier.

1601 — INCERTA (Hufn.) INSTABILIS (Esp.) — Nantes, La Chapelle-sur-Erdre, mars, avril. A. C. — Chenille en juin et septembre sur le chêne.

1603 — MUNDA (Esp.) — La Mâtinais, en Missillac, avril. — Chenille de juin à septembre sur le chêne, le prunellier.

GEN. 214. — PANOLIS (Hb.)

1604 — PINIPERDA (Panz.) — Nantes.

GEN. 218. — DICYCLA (Gn.)

1613 — OO. (L.) — Nantes, Gasché. A. R.

GEN. 219. — CALYMNIA (Hb.)

1614 — PYRALINA (View.) — Nantes, route de Paris. R. à la miellée, juillet. — Chenille en mai sur l'orme et l'aubépine dans les feuilles réunies en paquet ; se chrysalide entre les feuilles.

1615 — DIFFINIS (L.) — Nantes, juillet. A. R. — Chenille en mai sur l'orme ; feuilles réunies en paquet.

1616 — AFFINIS (L.) — Nantes. C. à la miellée, juillet, août. — Chenille en avril, mai sur l'orme ; feuilles réunies en paquet.

1617 — TRAPEZINA (L.) — Nantes, La Chapelle-sur-Erdre. T. C. en battant les buissons, juin, juillet. —

Chenille en mai sur le chêne ; mange les autres chenilles en captivité et même celles de sa propre espèce.

Gen. 221. Dischorista (Ld.)

1624 — FISSIPUNCTA (Hw.) YPSILON (Bork.) — Roche-Maurice, près Nantes, 30 mai. — Chenille sur les saules et les peupliers, sous les mousses et dans la fissure des écorces.

Gen. 222. — Plastenis (Bdv.)

1625 — RETUSA (L.) — Saint-Etienne-de-Mont-Lac, Nantes, Gasché. A. C. 25 juillet. — Chenille sur les saules et les peupliers en mai.

1626 — SUBTUSA (Fab.) — Nantes, bords de la Chézine. A. R. 22 juin. — Chenille sur les peupliers, les saules, avril et mai.

Gen. 223. — Cirroedia (Gn.)

1628 — XERAMPELINA (Hb.) — Nantes, route de Paris, septembre. A. C. — Chenille en avril sur les samares des frênes, le jour dans les mousses au pied de l'arbre.

Gen. 225. — Anchocelis (Gn.)

1631 — LUNOSA (Hw.) — Nantes. A. R. à la miellée, 23 et 30 septembre. — Chenille en avril sur les graminées ; se cache le jour sous les mousses et les pierres.

Gen. 226. — Orthosia (O.)

1633 — LOTA (Cl.) — Nantes. C. à la miellée, octobre. Chenille en juin sur les saules, les peupliers ; le jour dans les fentes de l'écorce.

1635 — CIRCELLARIS (Hufn.) FERRUGINEA (Esp.) — Nantes, La Chapelle-sur-Erdre. T. C. à la miellée, septembre, octobre. — Chenille en avril sur les bourgeons des peupliers, des saules, sur les *Rumex* et autres plantes herbacées en mai.

1636 — HELVOLA (L.) RUFINA (L.) — Nantes, La Chapelle-sur-Erdre. A. C. à la miellée, octobre. — Chenille en mai sur le chêne.

1637 — PISTACINA (Fab.) — Nantes. T. C. certaines années à la miellée, octobre. — Chenille en avril sur l'orme et différentes plantes herbacées.

GEN. 227. — XANTHIA (Tr.)

1650 — FLAVAGO (Fab.) SILAGO (Hb.) — Nantes, bords de la Chézine. A. R. à la miellée, octobre. — Chenille dans les chatons du saule en avril et mai sur les feuilles.

1651 — FULVAGO (Fab.) CERAGO (Fab.) — Nantes. R. à la miellée, septembre. — Chenille en avril dans les chatons des saules et sur les feuilles.

1653 — GILVAGO (Esp.) — Nantes. T. C. à la miellée, septembre, octobre. — Chenille en avril dans les samares des ormes, puis sur les plantes herbacées.

A. AB. PALLEAGO (Hb.) — Nantes. A. R. à la miellée avec le type. (Variété méridionale.)

1654 — OCELLARIS (Bork.) — Le Pouliguen. A. R. septembre, à la miellée.

GEN. 228. — HOPORINA (B.)

1656 — CROCEAGO (Fab.) — Ligné, septembre.

GEN. 229. — ORRHODIA (Hb.)

1665 — VACCINII (L.) — Nantes. C. à la miellée, octobre. — Chenille en mai, juin sur le chêne.

1666 — LIGULA (Esp.) — Nantes, La Chapelle-sur-Erdre. C. à la miellée, octobre. — Chenille en mai sur le prunellier.

1668 — RUBIGINEA (Fab.) — La Chapelle-sur-Erdre.

GEN. 230. — SCOPELOSOMA (Curt.)

1670 — SATELLITIA (L.) — Nantes. A. R. à la miellée, octobre. — Chenille en mai sur l'orme, le chêne.

GEN. 231. — SCOLIOPTERYX (Germ.)

1671 — LIBATRIX (L.) — Loire-Inférieure. C. à la miellée, dans les maisons, janvier, juin, juillet, août, octobre. — Chenille sur les saules de mai à juillet.

GEN. 232. — XYLINA (O.)

1672 — SEMIBRUNNEA (Hw.) OCULATA (Germ.) — Nantes, La Chapelle-sur-Erdre. C. à la miellée, septembre. — Chenille en mai sur le chêne, l'orme.

1674 — FURCIFERA (Hufn.) CONFORMIS (Fab.) — Nantes, La Chapelle-sur-Erdre. A. C. à la miellée, octobre. — Chenille sur le peuplier, le bouleau, le chêne en juin.

1677 — ORNITHOPUS (Rott.) RHIZOLITHA (Fab.) — Nantes. C. à la miellée, sur le tronc des arbres, octobre. — Chenille en mai sur le chêne.

GEN. 233. — CALOCAMPA.

1680 — VETUSTA (Hb.) — Nantes, Ancenis, Saint-Géréon. A. C. à la miellée, septembre. — Chenille sur le *Renunculus acris* et les carex, bords des étangs, juin, juillet.

1681 — EXOLETA (L.) — Nantes. A. R. à la miellée, octobre.

GEN. 236. — ASTEROSCOPUS (Bdv.)

1687 — SPHINX (Hufn.) CASSINEA (Hb.) — Nantes, novembre.

Gen. 238. — Xilocampa (Gn.)

1689 — AREOLA (Esp.) LITHORYZA (Bork.) — Nantes. La Bouvardière, coteaux du Chêne-Vert, février, mars, avril sur les troncs des chênes et de pommiers. — Chenille en juin sur le chèvrefeuille des bois et des jardins.

Gen. 241. — Calophasia (Stph.)

1700 — LUNULA (Hüfn.) LINARIAE (Fab.) — Nantes, Portnichet. A. C. juin, juillet. — Chenille sur la linaire vulgaire, juillet, octobre.

Gen. 243. — Cucullia (Schrk.)

1711 — VERBASCI (L.) — Loire-Inférieure. T. C. mars, avril. — Chenille du 1er juin au 30 août sur les feuilles de *Verbascum thapsus* (bouillon blanc); mange les feuilles de préférence aux fleurs.

1713 — SCROPHULARIAE (S. V.) — Nantes, Ancenis. C. éclosions du 1er au 25 mai, juin. — Chenille de juin à septembre sur la *Scrophularia aquatica* dont elle mange les fruits.

1714 — LYCHNITIS (Rbr.) — Nantes, route de Paris. A. C. éclosions mai. — Chenille du 25 juillet au 15 septembre sur les *Verbascum pulvinatum* et *lychnitis* dans les endroits arides, pierreux ; elle mange les fleurs et les fruits.

1726 — UMBRATICA (L.) — Nantes. C. de mai à septembre. — Chenille juin, juillet sur les laiterons (*Souchus arvensis* et *oleraceus*) en plein soleil le long des tiges ; une partie des chrysalides passe l'hiver.

1731 — CHAMOMILLAE (S. V.) — T. R. Nantes, jardin.

1736 — TANACETI (S. V.) — Ancenis, Machecoul, La Bôle, Guérande, du 15 juillet au 10 août. — Chenille juillet, août, septembre sur l'*Achillea millefolium*, la tanaisie (*Tanacetum vulgare*); reste un an en chrysalide le plus souvent.

1747 — ABSYNTHII (L.) — Nantes, juillet, août.

GEN. 247. — PLUSIA (O.)

1759 — TRIPLASIA (L.) — Nantes, juin, août. C. — Chenille en juillet, octobre sur la grande ortie (*Urtica dioïca*).

1761 — TRIPARTITA (Hufn.) URTICAE (Hb.) — Nantes. A. C. août, septembre. — Chenille en juillet, octobre sur les orties.

1773 — CHRYSITIS (L.) — Nantes. A. C. à la miellée, août, septembre. — Chenille sur la grande ortie en juin, septembre, vieux murs.

1779 — FESTUCAE (L.) — La Contrie, près Nantes, 29 juillet. — Chenille en mai, juin sur les carex et la fétuque, bords des ruisseaux.

1785 — GUTTA (Gn.) — Nantes, route de Paris, 11 juin, sur les fleurs de valériane au coucher du soleil. R. — Chenille sur les orties en mai.

1788 — IOTA (L.) — La Contrie, mai. R. — Chenille sur les chèvrefeuilles, mars, avril, bois humides.

1791 — GAMMA (L.) — Loire-Inférieure. T. C. partout, à la miellée; se trouve toute l'année. — Chenille sur les plantes herbacées et potagères, orties, avril et août.

GEN. 250. — ANARTA (Tr.)

1805 — MYRTILLI (L.) — La Mâtinais, Missillac, avril, juillet et août. — Chenille sur la bruyère (*Erica vulgaris*) en octobre.

GEN. 251. — HELIACA (H. S.)

1817 — TENEBRATA (Sc.) ARBUTI (Fab.) — Coteaux

et prairies du Chêne-Vert, près Nantes. A. C. — Chenille en juin et septembre sur les coryophyllées.

GEN. 255. — HELIOTHIS (Tr.)

1833 — DIPSACEA (L.). — Le Pouliguen, Missillac, Savenay, la Gamoterie, l'île Saint-Denis, Rezé, près Nantes. C. le jour sur les luzernes en fleurs, juin, juillet, août. — Chenille en avril et septembre sur les trèfles, luzernes, plantains, dont elles mangent les fleurs et les graines.

1836 — PELTIGERA (S. V.) — Environs de Nantes, Buzard, en Chantenay, août.

1838 — ARMIGERA (Hb.) — Nantes, Escoublac, août, septembre, à la miellée. A. C. — Chenille polyphage et carnassière; vit de préférence sur le plantain, le maïs, le réséda jaune, avril, mai.

GEN. 257. — CHARICLEA (Stph.)

1842 — DELPHINII (L.) — Nantes, Mauves, juin, juillet. A. R. — Chenille en juillet sur le pied d'alouette des champs (*Delphinium consolida* et *ajacis*), carnassière.

GEN. 260. — ACONTIA (A.)

1852 — LUCIDA (Hufn.) SOLARIS (Esp.) — Nantes, Bourg-de-Batz, La Morinière, mai, août. C. le jour sur les chardons en fleurs. — Chenille en juin et septembre sur les liserons.

1853 — LUCTUOSA (Esp.) — Nantes, La Morinière. C. le jour sur les fleurs, mai, août. — Chenille sur les mauves en juin et septembre.

GEN. 262. — THALPOCHARES (Ld.)

1888 — CANDIDANA (Fab.) — Portnichet, 20 juillet, pris un exemplaire. (Espèce méridionale.)

GEN. 263. — ERASTRIA (O.)

1894 — UNCULA (Cl.) UNCA (S. V.) — La Chapelle-sur-Erdre. R.

1897 — VENUSTULA (Hb.) — La Chapelle-sur-Erdre, juin. A. C.

1901 — FASCIANA (L.) FUSCULA (Bork.) — Loire-Inférieure. C. juin. — Chenille en septembre sur la ronce.

GEN. 265. — PROTHYMIA (Hb.)

1904 — VIRIDARIA (Cl.) AENEA (Hb.) — La Chapelle-sur-Erdre. C. juillet.

GEN. 267. — AGROPHILA (Bdv.)

1910 — TRABEALIS (S. C.) SULPHURALIS (L.) — Nantes, La Chapelle-sur-Erdre, Savenay. C. le jour. — Chenille en septembre sur les liserons (*Convolvulus arvensis* et *sepium*).

GEN. 272. — EUCLIDIA (O.)

1917 — MI (Cl.) — Nantes, Chêne-Vert, Chéméré, Toufou, forêt de Sautron. A. C. prairies, mai, juin. — Chenille en août sur les légumineuses, trèfle et lotiers.

1918 — GLYPHICA (L.) — Nantes, Chêne-Vert, Pornichet, les bords de l'Erdre, île Saint-Denis. C. mai. — Chenille sur les légumineuses, luzernes, trèfles, l'*Ononis spinosa*, juin, septembre.

GEN. 281. — GRAMMODES (Gn.)

1942 — ALGIRA (L.) — Nantes, route de Paris, bords de la Chézine, bords de la Sèvre, chemin de Carcouët, La Contrie. A. C. à la miellée et le soir au filet, juin, juillet, août. — Chenille sur le genêt à balais en avril, mai.

GEN. 282. — PSEUDOPHIA (Gn.)

1945 — LUNARIS (S. V.) — Nantes, le Chêne-Vert, La Bouvardière, La Contrie, Chauvé, Toufou, La Chapelle-sur-Erdre, Pontchâteau. A. R. — Chenille sur le chêne, juillet et août.

GEN. 284. — CATOCALA (Schrk.)

1949 — FRAXINI (L.) — Sucé, Saint-Étienne-de-Mont-Luc, Ligné, Saint-Aignan, août, octobre. R. — Chenille fin juin, juillet sur les saules et les peupliers (*P. tremula* et *alba*).

1951 — ELOCATA (Esp.) — Nantes. C. à la miellée, août et septembre. — Chenille sur les peupliers, juin, juillet.

1954 — NUPTA (L.) — Nantes. C. à la miellée, juillet, août. — Chenille sur les peupliers, juin, juillet.

1957 — SPONSA (L.) — La Patellière, près Machecoul, 23 juillet. — Chenille en juin sur le chêne.

1958 — PROMISSA (Esp.) — Loire-Inférieure.

1962 — OPTATA (God.) — Nantes, La Chapelle-sur-Erdre. A. R. à la miellée. — Chenille juin, juillet sur les saules ; se cache le jour sous les pierres et dans les fentes des écorces.

1963 — ELECTA (Bork.) — Nantes, La Chapelle-sur-Erdre, 17 août. A. R. — Chenille sur les saules, juin, juillet.

1970 — PARANYNYMPHA (L.) — Pont-du-Cens.

GEN. 290. — AVENTIA (Dup.)

2001 — FLEXULA (S. V.) FLEXULARIA (Hb.) — Gasché, La Chapelle-sur-Erdre, mai, juin, juillet, août. A. C. — Chenille en mai, juin, juillet sur les lichens.

GEN. 292. — HELIA (Gn.)

2003 — CALVARIA (Fab.) CALVARIALIS (Hb.) — Août,

La Chapelle-sur-Erdre. C. — Chenille en mai sur le *Rumex acetosellae.*

GEN. 295. — ZANCLOGNATHA (Ld.)

2006 — TARSIPLUMALIS (Hb.) — Nantes, juin, juillet. A. C. — Chenille d'octobre à mars dans les feuilles sèches.

2008 — GRISEALIS (Hb.) NEMORALIS (Fab.) — Nantes, juin. A. C.

GEN. 297. — HERMINIA (Latr.)

2022 — CRINALIS (Tr.) — Nantes. A. C. juillet. (Espèce méridionale.)

2025 — DERIVALIS (Hb.) — Nantes, coteaux du Chêne-Vert, bords de l'Erdre. A. C. juin. — Chenille en mars, avril dans les bois de chênes, feuilles sèches.

GEN. 298. — PECHYPOGON (Hb.)

2026 — BARBALIS (Cl.) — La Chapelle-sur-Erdre, juin. A. C. — Chenille en février, mars dans les feuilles sèches restées aux chênes.

GEN. 300. — HYPENA (Tr.)

2032 — ROSTRALIS (L.) — Loire-Inférieure. A. C. 2 février. — Chenille en mai sur l'ortie.

2033 — PROBOSCIDALIS (L.) — Loire-Inférieure. T. C. partout, se prend à la miellée et en battant les buissons de mai à septembre. — Chenille en avril, puis juillet sur les orties.

GEN. 301. — HYPENODES (Gn.)

2041 — COSTAESTRIGALIS (Stph.) — Route de Paris, août. Un exemplaire. T. R.

GEN. 304. — RIVULA (Gn.)

2045 — SERICEALIS (Sc.) — Nantes, à la miellée, La

Chapelle-sur-Erdre. T. C. — Chenille en avril sur les orties et les plantes herbacées. Papillon en juillet et août.

GEN. 305. — BREPHOS (O.)

2048 — NOTHA (Hb.) — Loire-Inférieure.

D. GEOMETRAE.

GEN. 306. — PSEUDOTERPNA.

2051 — PRUINATA (Hufn.) CYTHISARIA (S. V.) — Nantes, La Contrie, Le Chêne-Vert, La Jonnelière, La Chapelle-sur-Erdre. C. de mai à septembre. — Chenille sur le genêt à balais (*Genista scoparia*) en avril et août.

2052 — CORONILLARIA (Hb.) — Frossay, La Chapelle-sur-Erdre, Pontchâteau, Saint-Etienne-de-Mont-Luc. A. R. 9 juillet, août. — Chenille sur le genêt à balais.

GEN. 307. — GEOMETRA (Bdv.)

2054 — PAPILIONARIA (L.) — La Chapelle-sur-Erdre, Sainte-Luce. A. C. juillet. — Chenille en mai, septembre sur le noisetier, l'aune, le bouleau, le hêtre.

GEN. 308. — PHORODESMA (Bdv.)

2061 — PUSTULATA (Hufn.) BAJULARIA (S. V.) — Nantes, Toufou, La Mâtinais, en Missillac. A. R. juin, juillet. — Chenille vivant dans un fourreau composé de débris de feuilles de chêne, en mai sur le chêne; elle quitte son fourreau pour se chrysalider.

2063 — SMARAGDARIA (Fab.) — R. Pris un exemplaire seulement à Gasché, juillet.

Gen. 310. — Nemoria (Hb.)

2072 — VIRIDATA (L.) CLORARIA (Hb.) — Toufou, juin.

2077 — STRIGATA (Mull.) AESTIVARIA (Hb.) — Nantes et probablement toute la Loire-Inférieure. T. C. juin, juillet. — Chenille en mai sur le chêne, le prunellier, l'aubépine.

Gen. 311. — Thalera (Hb.)

2078 — FIMBRIALIS (Sc.) BUPLEVRARIA (S. V.) — Loire-Inférieure, Ancenis, juillet.

Gen. 312. — Iodis (Hb.)

2080 — LACTEARIA (L.) AERUGINARIA (Hb.) — Loire-Inférieure. C. partout d'avril à août. — Chenille en août, septembre sur le chêne, le bouleau et le pommier.

Gen. 313. — Acidalia (Tr.)

2094 — OCHRATA (Sc.) OCHREARIA (S. V.) — Préfailles. T. C. juin, juillet. — Chenille août et septembre ; hiverne et se chrysalide en mai ; vit sur les plantes herbacées.

2096 — MACILENTARIA (H. S.) SYLVESTRARIA (Gn.) Nantes. C. mai, juin, juillet, prairies, clairières des bois. — Chenille sur les plantes herbacées en septembre.

2106 — MURICATA (Hufn.) AURORARIA (Bork.) — Loire-Inférieure.

2107 — DIMIDIATA (Hufn.) SCUTULATA (Bork.) — C. Nantes, bords de la Chézine, route de Paris, à la miellée et en battant les buissons, juin, juillet, août, octobre. — Chenille sur les plantes herbacées en avril.

2125 — VIRGULARIA (Hb.) INCANARIA (Hb.) — Nantes.

C. partout, mai, juin, juillet, septembre. — Chenille polyphage en juin, août; hiverne et se chrysalide en avril.

2148 — HERBARIATA (Fab.) MICROSARIA (Bdv.) — Nantes. C. août. — Chenille en septembre et octobre dans les greniers à foin et les plantes desséchées conservées par les herboristes; elle vit, dit-on, dans les herbiers.

2155 — BISETATA (Hufn.) — Nantes. C. mai, juin, juillet. — Chenille en septembre sur l'aubépine; hiverne; se chrysalide en avril.

2156 — TRIGEMINATA (Hw.) REVERSATA (Tr.) — Nantes, juillet, août. A. R.

2160 — RUSTICATA (Fab.) — Nantes. C. juin, juillet, août. — Chenille polyphage en avril.

2162 — HUMILIATA (Hufn.) OSSEATA (Fab.) — Nantes. C. partout, bois et prairies, buissons, juin. — Chenille polyphage en août, septembre; hiverne; se chrysalide en avril.

2170 — DEGENERARIA (Hb.) — Nantes. A. C. mai, juin, août. — Chenille en septembre sur les liserons et plusieurs espèces de plantes herbacées; hiverne; se chrysalide en avril.

2172 — AVERSARIA (L.) — Loire-Inférieure. C. partout, juin, juillet, août. — Chenille sur le genêt à balais, avril.

A. Ab. spoliata (Styr.) — Mêmes localités et aussi C. que le type, mêmes époques.

2173 — EMARGINATA (L.) — Clermont. Un exemplaire pris le 8 juin. R. — Chenille sur le gaillet jaune (*Galium verum*), mai.

2178 — RUBIGINATA (Hufn.) — Coteaux de Mauves, août, septembre. A. C. — Chenille sur les légumineuses, vesces, genêt à balais, en avril, juin, septembre.

2186 — MARGINE PUNCTATA (Goeze) PROMUTATA (Gn.) — Nantes, mai, juillet, septembre. A. C. — Chenille en mai sur les plantes herbacées, les vesces, les trèfles, les genêts.

2194 — REMUTATA (Hb.) — Nantes, La Chapelle-sur-Erdre. A. C. juin, juillet. — Chenille sur la *Vicia sepium*.

2202 — STRIGILARIA (Hb.) — Nantes, juin. A. C. — Chenille en septembre sur les légumineuses ; hiverne et se chrysalide en avril.

2207 — IMITARIA (Hb.) — Nantes. A. C. juin, juillet, août. — Chenille en septembre sur le prunellier, l'aubépine, la ronce, les gaillets, les bruyères ; hiverne ; se chrysalide en avril. (Deuxième génération en juin.)

2210 — ORNATA (Sc.) — Nantes. A. C. certaines années, mai, juillet, septembre. — Chenille sur le serpolet *Thymus serpillum* et autres labiées ; hiverne et se chrysalide en mars. (Deuxième génération en juin.)

GEN. 315. — ZONOSOMA (Ld.)

2216 — PENDULARIA (Cl.) — La Chapelle-sur-Erdre, 2 juin, 14 juillet. — Chenille en juin, septembre sur le bouleau. A. C.

2217 — ORBICULARIA (Hb.) — La Chapelle-sur-Erdre, 17 août. C. — Chenille en juin, septembre sur l'aune, le saule Marceau.

2221 — PORATA (Fab.) — Toute la Loire-Inférieure. C. partout, avril, mai, juillet. — Chenille sur le chêne, le bouleau en juin, septembre.

2222 — PUNCTARIA (L.) — Toute la Loire-Inférieure. C. partout, avril à août. — Chenille en juin et septembre sur le chêne.

2223 — LINEARIA (Hb.) TRILINEARIA (Bork.) — Un exemplaire pris au Petit-Port, près Nantes, 18 avril. R.

GEN. 316. — TIMANDRA.

2224 — AMATA (L.) — Nantes. C. de mai à septembre. — Chenille en juin et septembre sur les oseilles et les renouées.

GEN. 318. — PELLONIA.

2227 — VIBICARIA (Cl.) — Nantes, Savenay, Ancenis, Portnichet. A. C. juillet. — Chenille sur les genêts *Genista scoparia* et *tinctoria*, septembre ; hiverne et se chrysalide en mai.

GEN. 320. — ABRAXAS (Leach.)

2232 — GROSSULARIATA (L.) — T. C. dans toute la Loire-Inférieure, juin, juillet. — Chenille en mai sur les groseilliers et le prunellier.

2236 — ADUSTATA (S. V.) — Nantes, bords de l'Erdre, avril, mai, juillet. — Chenille sur le prunellier en septembre ; hiverne et se chrysalide en mai ; elle vit aussi sur le fusain (*Evonymus europaeus*).

2237 — MARGINATA (L.) — Nantes, Savenay, La Chapelle-sur-Erdre. C. avril, mai, juillet, août. — Chenille en juin, puis septembre sur les saules et les peupliers.

GEN. 322. — BAPTA (Stph.)

2242 — PICTARIA (Curt.) — Savenay, un exemplaire pris dans la vallée des Soupirs. T. R.

GEN. 323. — STEGANIA (Dup.)

2245 — TRIMACULATA (Vill.) PERMUTARIA (Hb.) — Nantes, bords de la Chézine, chemin de la Marière, août. — Chenille sur les peupliers. A. R.

Gen. 324. — Cabera (Tr.)

2249 — PUSARIA (L.) — Nantes et toute la Loire-Inférieure. C. partout, avril, juin, juillet, août. — Chenille en mai sur le bouleau, le saule, l'aune, puis en septembre. (Deux générations.)

2250 — EXANTHEMATA (Sc.) — Nantes et toute la Loire-Inférieure. C. partout, de mai à septembre. — Chenille sur les saules, le bouleau, en juillet, août. (Deux générations.)

Gen. 325. — Numeria (Dup.)

2252 — PULVERARIA (L.) — Nantes, La Jonnelière, La Chapelle-sur-Erdre. A. R. — Chenille sur les arbres fruitiers et les saules en juin et fin septembre.

Gen. 326. — Ellopia.

2254 — PROSAPIARIA (L.) FASCIARIA (Sv.) — Chapelle-sur-Erdre, 15 mai, bois de sapins. C. mais localisée. — Chenille sur les pins, les sapins, juin, juillet.

B. Var. Prasinaria (Hb.) — Mêmes localités et époques d'apparition que la précédente, mais plus rare.

Gen. 327. — Metrocampa (Latr.)

2256 — MARGARITARIA (L.) — Nantes, La Contrie, La Chapelle-sur-Erdre, Savenay. C. août, septembre. — Chenille sur le hêtre, le chêne en septembre ; hiverne et se chrysalide en avril.

2257 — HONORARIA (Sv.) — Nantes, route de Paris, Savenay. R. — Chenille en septembre sur le chêne ; elle se chrysalide au mois d'octobre, passe l'hiver en chrysalide.

GEN. 328. — EUGONIA (Hb.)

2258 — QUERCINARIA (Hufn.) ANGULARIA (Bork). — Nantes, route de Paris, Savenay. A. C. août, septembre. — Chenille en mai, juin, sur le chêne.

2263 — EROSARIA (Bork). — Petit-Mars, 30 juillet. A. R. — Chenille en mai, juin sur le bouleau, le peuplier, le chêne.

GEN. 329. — SELENIA (Hb.)

2265 — BILUNARIA (Esp.) ILLUNARIA (Hb.) — Ancenis, La Contrie, Vertou, La Chapelle-sur-Erdre, mars, avril, mai. A. C. (Première génération.) — Chenille sur le prunellier, l'aubépine, le chêne en septembre, octobre.

A. VAR. JULIARIA (Hw.) — La Contrie, juillet (Deuxième génération.) R. — Chenille en mai, juin. sur le chêne, le prunellier, l'aubépine.

2266 — LUNARIA (Sv.) — Nantes, Chauvé, Doulon, mai. A. C. (Première génération.) — Chenille en septembre, octobre, sur le prunellier, le bouleau, le chêne.

B. VAR. DELUNARIA (Hb.) — Le Cellier, juillet. A. C. (Deuxième génération.) — Chenille en mai, juin, sur le prunellier, le bouleau, le chêne.

GEN. 330. — PERICALLIA (Stph.)

2268 — SYRINGARIA (L.) — Nantes, 5 mai, Ancenis. R. — Chenille en avril, puis juillet sur les lilas, le troène.

GEN. 332. — ODONTOPTERA (Stph).

2270 — BIDENTATA (Cl.) DENTARIA (Hb.) — La Chapelle-sur-Erdre.

GEN. 333. — HIMERA (Dup.)

2272 — PENNARIA (L.) — Loire-Inférieure.

GEN. 334. — CROCALLIS (Tr.)

2273 — TUSCIARIA (Bork.) EXTIMARIA (Hb.) — Nantes, Saint-Sébastien, octobre. R. — Chenille en mai sur le prunellier. (Espèce méridionale.)

2274 — ELINGUARIA (L.) — Thouaré, juillet. A. R. — Chenille en avril, mai sur le prunellier, l'aubépine, le genêt.

2275 — DARDOINARIA (Donz.) — Ancenis.

GEN. 335. — EURYMENE (Dup.)

2276 — DOLABRARIA (L.) — Nantes, La Seilleraye, Le Chêne-Vert. C. mai, juillet, août. — Chenille en juin, septembre sur le chêne, le tilleul.

GEN. 336. — ANGERONA (Dup.)

2277 — PRUNARIA (L.) — Nantes, La Chapelle-sur-Erdre, Sainte-Luce. C. juin, juillet. — Chenille en juin ; vit sur le prunier, le prunellier.

GEN. 337. — URAPTERYX (Leach.)

2279 — SAMBUCARIA (L.) — Nantes, chemin du Massacre, La Morinière, Sautron, Savenay. A. C. juin. — Chenille sur le prunellier, le sureau, le chèvrefeuille; elle sort de l'œuf en juillet, hiverne et se chrysalide en mai.

GEN. 338. — RUMIA (Dup.)

2280 — LUTEOLATA (L.) CRATAEGATA (Lin.) — Toute la Loire-Inférieure. C. partout, mai, juin, août, septembre, octobre. — Chenille en juin, puis en septembre sur le prunellier ; se chrysalide fin octobre. (Deux générations.

GEN. 341. — EPIONE (Dup.)

2284 — APICIARIA (S. V.) — Nantes, route de Paris. C. juin, juillet, octobre. — Chenille sur les saules, mai, août.

2285 — PARALLELARIA (S. V.) — La Chapelle-sur-Erdre.

2286 — ADVENARIA (Hb.) — Toufou, mai. C. — Chenille en juillet sur le prunellier et le chêne, puis en octobre, hiverne ; se chrysalide en avril.

GEN. 344. — VENILIA (Dup.)

2291 — MACULARIA (L.) — Nantes et toute la Loire-Inférieure. T. C. avril et mai. — Chenille en août, septembre sur les chicoracées ; se chrysalide en terre en octobre.

GEN. 346. — MACARIA (Curt.)

2298 — ALTERNARIA (Hb.) — Nantes et toute la Loire-Inférieure. C. avril, juin, juillet, août. — Chenille sur le saule, l'osier en juin, septembre ; hiverne et se chrysalide en avril.

2304 — LITURATA (Cl.) — La Chapelle-sur-Erdre.

GEN. 350. — HIBERNIA (Latr.)

2311 — RUPICAPRARIA (Hb.) — Nantes, février. A. C. Chenille en mai sur le prunellier.

2313 — LEUCOPHAEARIA (S. V.) — Nantes, les bois du Petit-Port. T. C. février, mars. — Chenille en mai sur le chêne.

A. AB. MARMORINARIA (Esp.) — Mêmes localités et époques d'apparition que le type. C.

2315 — MARGINARIA (Bork.) PROGEMMARIA (Hb.) — Nantes. C. janvier, février, mars. — Chenille sur le chêne en mai.

GEN. 351. — ANISOPTERYX (Stph.)

2319 — AESCULARIA (S. V.) — Nantes.

GEN. 352. — PHIGALIA.

2320 — PEDARIA (Fab.) PILOSARIA (Hb.) — La Chapelle-sur-Erdre, février, mars. A. R. — Chenille en mai sur le chêne et le prunellier.

GEN. 354. — BISTON (Leach.)

2332 — HIRTARIA (Cl.) — Nantes, avril. C. vient à la lumière. — Chenille sur l'orme, le chêne, le tilleul, juillet, août ; se chrysalide en terre en septembre.

2333 — STRATARIA (Hufn.) PRODROMARIA (S. V.) — Mars, Nantes. A. R. — Chenille sur le chêne, le tilleul, le bouleau, l'orme, le peuplier, juillet, août ; se chrysalide en terre en septembre.

GEN. 355. — AMPHIDASYS (Tr.)

2334 — BETULARIA (L.) — La Chapelle-sur-Erdre, Clisson. A. C. mai, juillet. — Chenille sur le chêne, le bouleau, le prunellier, août et septembre ; se chrysalide en octobre.

GEN. 357. — HEMEROPHILA.

2339 — ABRUPTARIA (Thnby.) PETRIFICARIA (Hb.) — Nantes, Savenay, La Chapelle-sur-Erdre, avril, juillet. C. (Deux générations.) (Espèce méridionale.) — Chenille sur la clématite odorante (*Clematis flammula*) en juin et septembre.

GEN. 360. — BOARMIA (Tr.)

2357 — GEMMARIA (Brahm.) RHOMBOIDARIA (Hb.) — Nantes. T. C. d'éclosion à la miellée et au filet de mai à octobre. — Chenille en juin, juillet sur le chêne, le prunellier, l'aubépine ; la deuxième génération en septembre ; hiverne et se chrysalide en avril.

2364 — REPANDATA (L.) — La Chapelle-sur-Erdre. C. juin. — Chenille en août sur la ronce, le framboisier, le groseillier, le peuplier, le bouleau ; elle se chrysalide en octobre.

A. Ab. CONVERSARIA (Hb.) — La Chapelle-sur-Erdre. A. R. — Chenille en août sur le hêtre.

2366 — ROBORARIA (S. V.) — Saint-Etienne-de-Mont-Luc, Nantes, route de Paris, juin, A. R. -- Chenille sur le chêne en mai, puis en septembre ; se chrysalide en octobre.

2368 — CONSORTARIA (Fab.) — Ancenis, La Chapelle-sur-Erdre, juin, juillet. C. — Chenille sur le chêne en juin, puis en septembre ; se chrysalide en octobre.

2370 — LICHENARIA (Hufn.) — Portnichet, La Chapelle-sur-Erdre, Nantes, Carcouët, juillet. A. C. — Chenille en juin sur les lichens des arbres, puis en octobre ; hiverne et se chrysalide en avril.

2374 — CREPUSCULARIA (Hb.) — Nantes, La Chapelle-sur-Erdre. C. août. — Chenille sur le chêne, le prunellier, le peuplier, l'aune, mai, puis septembre ; se chrysalide en octobre.

2376 — LURIDATA (Bork.) EXTERSARIA (Hb.) — Gasché, juillet. A. R. — Chenille en septembre sur le chêne.

2377 — PUNCTULARIA (Hb.) — Nantes, La Chapelle-sur-Erdre, mai. C. — Chenille sur le bouleau en juin, juillet.

Gen. 361. — Tephronia (Hb.)

2380 — CREMIARIA (Fab.) CORTICARIA (Dup.) CINE-

RARIA (Gn.) — Nantes. A. C. juillet. — Chenil en mai sur les lichens des murs.

GEN. 363. — GNOPHOS (Tr.)

2387 — OBSCURARIA (Hb.) — La Gamoterie, Nantes, La Contrie, Ancenis, août. A. R. — Chenille en septembre ; hiverne et se chrysalide fin avril.

GEN. 371. — FIDONIA (Hb.)

2429 — FAMULA (Esp.) CONCORDARIA (Hb.) — La Poterie, bords de l'Erdre, Saint-Herblain, près Nantes. A. C. mai. — Chenille sur le genêt à balais en juin, puis en septembre ; se chrysalide fin octobre.

2430 — LIMBARIA (Fab.) CONSPICUATA (S. V.) — La Chapelle-sur-Erdre. C. juillet. — Chenille sur le genêt à balais en juin, puis en août et septembre ; se chrysalide fin octobre.

GEN. 374. — EMATURGA (Ld.)

2435 — ATOMARIA (L.) — Toute la Loire-Inférieure. T. C. partout, avril mai, juillet, août. — Chenille sur le genêt à balais, etc. en juin, août, septembre ; se chrysalide en octobre.

GEN. 378. — DIASTICTIS (Hb.)

2452 — ARTESIARIA (Fab.) — Ile de la Loire, en face Thouaré, juillet, Nantes, prairie de Chantenay, 10 août. A. R. — Chenille en avril sur les saules.

GEN. 379. — PHASIANE (Dup.)

2453 — PETRARIA (Hb.) — Nantes, Chêne-Vert, La Chapelle-sur-Erdre. C. avril et mai. — Chenille sur les bruyères en juillet et août.

2460 — CLATHRATA (L.) — Nantes. C. août. — Chenille sur la luzerne, le sainfoin, le trèfle, le genêt à balais, en juin et septembre ; se chrysalide en octobre.

Gen. 380. — Eubolia (Bdv.)

2462 — MURINARIA (Fab.) — Portnichet. C. juillet et août. — Chenille sur la vesce, la luzerne, le genêt en mai et août.

Gen. 385. — Aspilates (Tr.)

2488 — OCHREARIA (Rossi) CITRARIA (Hb.) — Gasché. T. C. mai, août. — Chenille en mars, avril sur les vesces, les scabieuses puis, en septembre ; se chrysalide en octobre.

Gen. 387. — Ligia (Bdv.)

2495 — OPACARIA (Hb.) — Saint-Brevin, septembre. R. (Espèce méridionale.) — Chenille sur le *Genista scoparia*, fin septembre ; hiverne ; se rencontre en avril ; se chrysalide dans les premiers jours de mai.

Gen. 390. — Aplasta (Hb.)

2501 — ONONARIA (Fuessl.) — Bords de l'Erdre, juillet. R. — Chenille en avril sur la bugrane (*Ononis spinosa*) et sur le genêt à balais, puis en septembre.

Gen. 392. — Sterrha (Hb.)

2504 — SACRARIA (L.) — Préfailles, août. R. (Espèce méridionale.) — Chenille en avril, mai sur les *Rumex*, les *Anthemis*, les *Polygonum*.

A. Ab. sanguinaria (Esp.) — Un exemplaire pris aux environs du Pouliguen.

Gen. 393. — Lythria (Hb.)

2507 — PURPURARIA (L.) CRUENTARIA (Hufn.) — Ancenis, Nantes. C. juillet, août, septembre. — Chenille sur les *Polygonum*, les *Rumex* en mai.

Gen. 394. — Ortholitha (Hb.)

2511 — PLUMBARIA (Fab.) PALUMBARIA (Bork.) — Nantes. C. mai. — Chenille sur les genêts, les scabieuses, les bruyères, juin, puis septembre ; hiverne et se chrysalide en avril.

2512 — CERVINATA (Sv.) — Coteau de la Chézine, dans les fougères desséchées, 7 et 10 octobre. — Chenille en mai et juin sur les mauves et les guimauves. A. R.

2516 — PERIBOLATA (Hb.) — Bords de l'Erdre, La Mâtinais, octobre, landes, chaumes. (Espèce méridionale.) — Chenille sur les genêts ; hiverne et se chrysalide en avril, mai.

2521 — BIPUNCTARIA (S. V.) — Ancenis.

Gen. 396. — Minoa (Bdv.)

2523 — MURINATA (Sc.) EUPHORBIATA (Fab.) — Nantes, Ancenis, forêt de Sautron et probablement toute la Loire-Inférieure. C. partout, mai, août. — Chenille en juin, septembre sur l'Euphorbe *cyparissius*.

Gen. 400. — Odezia (Bdv.)

2529 — ATRATA (L.) CHAEROPHYLLATA (L.) — Joué-sur-Erdre, La Mâtinais. A. C. juin. Vole en plein jour. (Espèce alpine.) — Chenille en avril, puis en juillet.

Gen. 403. — Anaitis (Dup.)

2543 — PLAGIATA (L.) — Nantes, La Chapelle-sur-Erdre. C. partout, mai, juillet, août, septembre. — Chenille sur le millepertius en avril, mai, août.

Gen. 404. — Chesias (Tr.)

2553 — SPARTIATA (Fuessl.) — La Mâtinais. A. C. septembre et octobre. — Chenille en avril, mai sur les genêts, puis juillet.

2554 — RUFATA (Fab.) OBLIQUARIA (Bork.) — Nantes, Chêne-Vert, La Chapelle-sur-Erdre, juin. R. — Chenille en avril, mai sur les genêts (*Genista scoparia*), puis en juillet.

GEN. 408. — CHEIMATOBIA (Stph.)

2566 — BRUMATA (L.) — Nantes. C. en novembre, décembre. — Chenille en mai sur les arbres fruitiers et forestiers.

GEN. 410. — EUCOSMIA (Stph.)

2574 — UNDULATA (L.) — La Chapelle-sur-Erdre. A. C. juin. — Chenille en septembre sur les saules entre les feuilles repliées.

GEN. 411. — SCOTOSIA (Stph.)

2575 — VETULATA (S. V.) — La Poterie, bords de l'Erdre, Ancenis, juillet. R.

2577 — BADIATA (Hb.) — Nantes, place Delorme.

GEN. 412. — LYGRIS (Hb.)

2579 — PRUNATA (L.) RIBESIARIA (Bdv.) — Nantes. R. route de Paris, juin. — Chenille en mai sur le groseillier, le prunellier, l'aubépine.

2584 — TESTATA (L.) ACHATINATA (Hb.) — Guérande, La Chapelle-sur-Erdre, La Mâtinais, Petit-Mars. A. C. juillet, septembre. — Chenille sur le bouleau, mai.

GEN. 413. — CIDARIA (Tr.)

2588 — DOTATA (L.) PYRALIATA (Fab.) — Nantes, Dervalières, Chêne-Vert. C. juin, juillet. — Chenille sur le peuplier, le bouleau, mai.

2590 — FULVATA (Forst.) — Nantes, route de Paris, Carcouët, juin. A. C. certaines années. — Chenille en mai sur la ronce, l'églantier.

2591 — OCELLATA (L.) — Nantes, forêt de Sautron. C. mai, juillet, août, septembre. — Chenille sur le *Galium verum* en juin, septembre.

2592 — BICOLORATA (Hufn.) RUBIGINATA (Fab.) — Nantes, juin, juillet. A. C. — Chenille en mai, juillet sur l'aune, le saule, le bouleau, le prunellier, le pommier.

2593 — VARIATA (S. V.) — Nantes, route de Paris, bords de la Chézine, à la miellée, avril, septembre. C. — Chenille en avril, août sur le sapin, le pin, le cèdre.

2597 — SITERATA (Hufn.) PSITTACATA (S. V.) — Nantes, La Mâtinais, La Chapelle-sur-Erdre. C. à la miellée, octobre. — Chenille sur le chêne, le tilleul, le charme, juin, juillet.

2601 — TRUNCATA (Huf.) RUSSATA (Bork.) — Nantes, La Mâtinais, La Chapelle-sur-Erdre, juin. A. C. — Chenille en avril, juillet sur l'aune, le bouleau, le charme et la cardère (*Dipsacus sylvestris*).

2609 — VIRIDARIA (Fab.) MIATA (Hb.) — Nantes, mai. C. — Chenille en mars, juin sur les gaillets, sur le serpolet et les violettes.

2627 — FLUCTUATA (L.) — Nantes, Sèvres. T. C. avril, mai, juillet, août. — Chenille en juin, juillet et septembre sur les crucifères.

2632 — FERRUGATA (Cl.) — Nantes, avril, juillet, août. C. — Chenille sur les alcines en mai et septembre ; passe l'hiver en chrysalide.

2633 — UNIDENTARIA (Hw.) — Nantes. A. C.

2640 — FLUVIATA (Hb.) ♂ GEMMATA (Hb.) ♀ — Prairies de Chantenay, Sèvres, à la miellée, août. A. R. — Chenille sur les *Anthemis* et les chrysanthèmes, mars, avril.

2642 — DILUTATA (Bork.) — Loire-Inférieure.

2667 — RIGUATA (Hf.) — Le Pouliguen. A. C. avril. — Les exemplaires capturés jusqu'ici à ma connaissance sont tous plus clairs que le type ; l'un d'eux est même presque blanc.

2671 — PICATA (Hb.) — Nantes, Savenay, Sucé. C. mai, juin, août. — Chenille en juin, septembre sur le prunellier.

2677 — GALIARIA (Hb.) — Bords de l'Erdre, La Poterie. A. C. avril, mai, juillet, août. — Chenille en juin sur le gaillet (*Galium verum*), puis septembre.

2678 — RIVATA (Hb.) — Nantes, La Chapelle-sur-Erdre, mai, juin, juillet, août. C. — Chenille sur les églantiers, rosiers, ronces et la pimprenelle en juin et septembre.

2679 — SOCIATA (Bork.) ALCHEMILLATA (Hb.) — Nantes. A. R. août.

2694 — ALCHEMILLATA (L.) RIVULATA (Hb.) — Loire-Inférieure. Un exemplaire.

2700 — ALBULATA (S. V.) — Nantes, mai, juillet. A. R.

2702 — CANDIDATA (S. V.) — Nantes, route de Paris, bois du Petit-Port. A. C. juillet. — Chenille sur le chêne et le charme en avril et juin.

2707 — DECOLORATA (Hb.) — Loire-Inférieure. A. R. mai.

2710 — OBLITERATA (Hufn.) HEPARATA (Hw.) — Bords de l'Erdre, La Porterie, La Chapelle-sur-Erdre. A. C. juillet. — Chenille en septembre sur l'aune.

2714 — BILINEATA (L.) — Nantes, Sèvres et probablement toute la Loire-Inférieure. T. C. mai, juin, juillet, septembre.

2716 — SORDIDATA (Fab.) ELUTATA (Hb.) — La Chapelle-sur-Erdre, 2 juillet. A. C. — Chenille en mai sur le bouleau, le hêtre, le chêne, le saule.

2717 — TRIFASCIATA (Bork.) IMPLUVIATA (Hb.) — La Chapelle-sur-Erdre, 13 juin. A. C. — Chenille sur le bouleau, le peuplier, le hêtre en mai.

2724 — NIGROFASCIATA (Goeze) DERIVATA (Bork.) — La Chapelle-sur-Erdre. R.

2726 — RUBIDATA (Fab.) — Nantes, route de Paris, mai, juin. A. C. — Chenille en société sur les caillelaits en juin et septembre; se chrysalide fin octobre.

2728 — COMITATA (L.) CHENOPODIATA (L.) — Nantes, route de Paris, juillet, août. C. — Chenille en septembre, haies à l'ombre, chemins creux et humides.

GEN. 415. — EUPITHECIA (Curt.)

2742 — OBLONGATA (Thn.) CENTAUREARIA (S. V.) Nantes, Sèvres, La Bernerie, mai, juillet, août, septembre. C. — Chenille polyphage sur les ombellifères, seneçons, caillelaits, scabieuses en juin et septembre.

2754 — SUBNOTATA (Hb.) — Nantes, bords de la Chézine, 31 juillet, à la miellée. — Chenille en octobre sur les *Chenopodium atriplex,* dans les fleurs et les graines.

2756 — LINARIATA (S. V.) — Nantes, juillet. — Chenille dans les capsules de la linaire, septembre, octobre.

2763 — RECTANGULATA (L.) — Nantes, route de Paris, mars, mai, juin, septembre. T. C. le soir, volant autour de la cime des poiriers. — Chenille dans les fleurs des pommiers et poiriers en avril, mai.

2776 — INNOTATA (Hufn.) — Nantes. A. C.

2813 — VULGATA (Hw.) AUSTERARIA (Hs.) — Nantes,

bords de la Chézine. Un exemplaire à la miellée, 30 mai.

2817 — ASSIMILATA (Gn.) — Nantes, bords de la Chézine, à la miellée, 31 juillet. — Chenille sur le cassis (*Ribes nigrum*), sous les feuilles, en septembre, octobre.

2849 — PUMILATA (Hb.) — Nantes. C. à la miellée. — Chenille polyphage, fleurs de la clématite, bruyère, genêt, romarin, etc., en septembre, octobre, novembre, décembre.

DEUXIÈME PARTIE.

MICROLEPIDOPTERA,

E. PYRALIDINA.

Fam. I. — PYRALIDIDAE.

GEN. 1. — CLEDEOBIA (Dup.)

13 — ANGUSTALIS (Schiff. S. V.) — Nantes, mai, juin, juillet, août, septembre. C. — Chenille de septembre à avril, mai, sur les mousses.

GEN. 4. — AGLOSSA (Latr.)

24 — PINGUINALIS (L.) — Nantes. T. C. juin, juillet, intérieur des habitations, greniers. — Chenille en avril, mai, dans les fentes des parquets, des pavés, au fond des armoires, dans les étables, les cuisines, partout où des substances grasses animales peuvent la nourrir.

26 — CUPREALIS (Hb.) — Nantes. C. juillet, août, intérieur des habitations, greniers. — Chenille en avril, mai ; mêmes mœurs que la précédente.

GEN. 6. — ASOPIA (Tr.)

32 — GLAUCINALIS (L.) — Nantes, bords de la Chézine à la miellée, juillet. A. C. — Chenille en mai, dans les feuilles pourries.

34 — COSTALIS (F.) FIMBRIALIS (S. V.) — Nantes, route de Paris. Un exemplaire pris à la miellée, juillet.

35 — FARINALIS (L.) — Nantes, juin, juillet, août, septembre. C. dans les écuries, les intérieurs de maisons, étables, greniers à farines. — Chenille en mars, avril ; hiverne dans la paille des greniers.

GEN. 7. — ENDOTRICHA (Z.)

40 — FLAMMEALIS (S. V.) — Nantes. T. C. dans les buissons, juin, juillet. — Chenille snr le liseron (*Ligustrum vulgare*).

GEN. 9. — SCOPARIA (Hw.)

52 — DUBITALIS (Hb.) — Nantes. A. C. dans les buissons, mai.

69 — TRUNCICOLELLA (Hb.) MERCURELLA (Z.) — T. C. Nantes, bords de la Chézine, sur les troncs des arbres, mai, juin, août. (Deux générations.) — Chenille en février, sous la mousse des pins.

70 — CRATAEGELLA (Hb.) — Nantes. T. C. juillet, août. — Chenille en mars dans un tube de soie, sous la mousse des arbres.

GEN. 14. — THRENODES (Gn.)

82 — POLLINALIS (S. V.) — Nantes, Chêne-Vert. A. C. en juin.

GEN. 21. — ODONTIA (Dup.)

100 — DENTALIS (S. V.) — Bords de l'Océan, la Bôle, Saint-Nazaire. A. R. juillet, broussailles. — Chenille en mai dans les nervures des feuilles basses de la vipérine (*Echium vulgare*) ; elle se transforme en filant une coque papyracée entre les feuilles.

Gén. 28. — Eurrhypara (Hb.)

109 — URTICATA (L.) — Nantes, juin, août. T. C. — Chenille en août ; hiverne dans les tiges d'ortie, roule les feuilles dès février.

Gén. 29. — Botys (Tr.)

112 — OCTOMACULALIS (F.) — La Chapelle-sur-Erdre. A. R. août.

114 — NIGRATA (S. C.) ANGUINALIS (Hb.) — Nantes, Chêne-Vert, mai, juin.

123 — AURATA (S. C.) PUNICEALIS (S. V.) — La Chapelle-sur-Erdre. A. C. mai. — Chenille en société sur la menthe aquatique en avril.

125 — PURPURALIS (L.) — Nantes, Gasché. C. avril, juin, août, septembre. — Chenille en août sur la *Mentha rotundifolia*, l'*Origanum vulgare*.

134 — CESPITALIS (S. V.) — Nantes, Sèvres, Gorges, avril, mai, juin, juillet. T. C. dans les prairies.

155 — HYALINALIS (Hb.) — Chapelle-sur-Erdre, juin. R. bois frais.

173 — FUSCALIS (S. V.) — Nantes. A. C. pacages, juin, septembre. (Deux générations en septembre dans les fleurs et les capsules des *Lathyrus pratensis* et *rynanthus*.)

181 — SAMBUCALIS (S. V.) — Nantes, route de Paris. A. R. juin, juillet. — Chenille sur le sureau, sous les feuilles qu'elle ronge sans les percer, juin, août.

182 — VERBASCALIS (S. V.) — T. C. Nantes, mai, juin, juillet, août.

183 — RUBIGINALIS (Hb.) — A. C. Chapelle-sur-Erdre, dans les prairies sylvatiques. — Chenille en septembre.

187 — FERRUGALIS (Hb.) — Nantes. T. C. à la miellée,

buissons, pacages, février, juillet, août, septembre, octobre. — Chenille en septembre sur les *Verbascum*.

189 — PRUNALIS (S. V.) — Nantes, l'Eraudière, bords de l'Erdre, route de Paris. C. juillet, août, buissons, haies. — Chenille en mai sur la ronce et le prunellier.

201 — RURALIS (S. C.) VERTICALIS (S. V.) — T. C. juin, juillet, août, sur les orties et à la miellée. — Chenille en mai sur l'ortie, feuilles roulées.

GEN. 30. — EURYCREON (Ld.)

217 — PALEALIS (S. V.) — C. Préfailles, Portnichet, août.

GEN. 31. — NOMOPHILA (Hb.)

222 — NOCTUELLA (S. V.) HYBRIDALIS (Hb.) — T. C. Croisic, Nantes, juillet, août, septembre, octobre, lieux arides. — Chenille vivant dans les racines des graminées d'octobre à juin.

GEN. 33. — PIONEA (Gn.)

224 — FORFICALIS (L.) — T. C. Nantes, mai, juillet, août, septembre, jardins potagers à la miellée. — Chenille en juin, août sur les choux.

GEN. 34. — OROBENA (Gn.)

232 — EXTIMALIS (S. C.) MARGARITALIS (S. V.) — Un exemplaire pris au Pouliguen en août.

233 — STRAMINALIS (Hb.) STRAMENTALIS (Hb.) — Un exemplaire pris à Sèvres, mai.

234 — LIMBATA (L.) LIMBALIS (Gn.) — A. C. Nantes, route de Paris, buissons, mai, juillet. — Chenille en août, sur les genêts et les légumineuses.

236 — POLITALIS (Sv.) — A. R. Pornichet, un exemplaire, juillet.

GEN. 37. — PERINEPHELE (Hb.)

249 — LANCEALIS (Sv.) — C. La Chapelle-sur-Erdre, Nantes, juin, prairies humides. — Chenille en juin.

GEN. 42. — DIASEMIA (Gn.)

257 — LITTERATA (Sc.) LITTERALIS (Sv.) — A. C. Nantes, route de Paris, jardin, août à la miellée, 8 octobre, Chêne-Vert, coteaux, bords du ruisseau de Saint-Herblon.

258 — RAMBURIALIS (Dup.) — Un exemplaire pris à Nantes à la miellée.

GEN. 52. — AGROTERA (Schrk.)

275 — NEMORALIS (Sc.) — A. C. Bois frais, La Poterie, Gasché, bords de l'Erdre, juin, juillet.

GEN. 56. — HYDROCAMPA (Gn.)

282 — STAGNATA (Don.) NYMPHAEALIS (Tr.) — C. Gasché, juin, bords de l'Erdre. — Chenille en avril sur les nympheas, dans un fourreau.

283 — NYMPHEATA (L.) POTAMOGATA (L.) — T. C. Nantes, Doulon, La Chapelle-sur-Erdre, mai, juin, juillet, août, bords des fossés, des étangs, prés humides. — Chenille en avril sur le *Potamogetum natans* dans un fourreau.

GEN. 57. — PARAPONYX (Hb.)

288 — STRATIOTATA (L.) — A. C. prés marécageux, bords des étangs, des fossés, Nantes, août. — Chenille dans un fourreau de soie et de débris de feuilles, avril, mai, sur le *Stratiote aloïdes*.

GEN. 58. — CATACLYSTA (Hb.)

291 — LEMNATA (L.) LEMNALIS (Sv.) — A. C. Nantes, juin, juillet, août, bords des étangs, fossés. —

Chenille sur la lentilles d'eau en avril dans un fourreau de soie et de feuille de la lentille.

Fam. IV. — CRAMBIDAE.

Gen. 64. — Ancylolomia (Hb.)

306 — CONTRITELLA (Z.) — Bruyères arides, août, Nantes, Vertou (l'aunaie Bruneau).

Gen. 65. — Crambus.

321 — PASCUELLUS (L.) — Nantes, C. juin, prairies.
331 — PRATELLUS (L.) — Nantes, C. dans les prairies, mai.
335 — HORTUELLUS (Hb.) — Nantes, C. mai, juin, juillet.
336 — CRATERELLUS (Sc.) RORELLA (L.) — C. Nantes, juin.
348 — PINELLUS (L.) PINETELLA (L.) — A. R. juin, bois et jardins, Nantes.
357 — LATISTRIUS (Hw.) — Nantes, A. R. septembre.
377 — CULMELLUS (L.) — Juin, juillet, août, C. Nantes.
381 — INQUINATELLUS (Sv.) — Août, Nantes, C.
382 — GENICULEUS (Hw.) ANGULATELLUS (Dup.) — Juillet, août, Nantes. A. C.
392 — TRISTELLUS (Sv.) AQUILELLUS (Tr.) — T. C. Nantes, prairies humides.
393 — SELASELLUS (Hb.) PRATELLUS (Hs.) — A. R. Nantes, août.
395 — LUTEELLUS (Sv.) — A. R. Nantes, août.

Fam. V. — PHYCIDAE.

Gen. 68. — Nephopteryx (Z.)

418 — SPISSICELLA (F.) ROBORELLA (Sv.) — C.

juin, août, Nantes. — Chenille en mai sur le chêne dans une toile entre les feuilles.

427 — GENISTELLA (Zk.) — R. Un exemplaire pris à Saint-Etienne-de-Mont-Luc. (Espèce méridionale.)

GEN. 70. — PEMPELLIA (Hb.)

441 — SEMIRUBELLA (Sc.) CARNELLA (L.) — Nantes, Gasché, La Chapelle-sur-Erdre, août, septembre. C. — Chenille en mai dans une toile sur le sol, mange les racines des graminées.

A. VAR. SANGUINELLA (Hb.) — Aussi commune que le type, mêmes époques.

447 — FORMOSA (Hw.) — Un seul exemplaire pris à Nantes, route de Paris.

457 — ADORNATELLA (Tr.) — Un exemplaire pris à Portnichet, 18 juillet.

GEN. 78. — EPISCHNIA (Hb.)

503 — PRODROMELLA (Hb.) — Un exemplaire pris dans une clairière de la forêt du Gâvre.

GEN. 81. — ACROBASIS (Z.)

525 — CONSOCIELLA (Hb.) — C. juin, juillet, Nantes. — Chenille en mai dans un tube de soie entre les feuilles du chêne.

527 — TUMIDELLA (Zk.) — C. juin, juillet, Nantes. — Chenille en mai sur le chêne.

528 — RUBROTIBIELLA (Fr.) — Un exemplaire pris à La Chapelle-sur-Erdre le 13 août.

GEN. 83. — MYELOIS (Z.)

544 — CRIBRUM (Sv.) CRIBRELLA (Hb.) — Un exemplaire pris en juillet, route de Paris, sur une fleur de chardon.

GEN. 91. — HOMOESONA (Curt.)

621 — SINUELLA (F.) — Nantes, C. juin, juillet, août.

GEN. 94. — EPHESTIA (Gn.)

623 — ELUTELLA (Hb.) — Nantes, T. C. juin, greniers, intérieur des maisons. — Chenille en avril dans les fruits secs, les plantes sèches.

Fam. VI. — GALLERIAE.

GEN. 95. — GALLERIA (F.)

642 — MELONELLA (L.) CEREANA (L.) — A. R. Nantes, Savenay, autour des ruches, août. — Chenille en mai, puis août dans les ruches. (Deux générations.)

643 — SOCIELLA (L.) COLONELLA (L.) — A. C. juin, juillet, août, Nantes. — Chenille en septembre dans les nids de guèpes.

F. TORTRICINA.

GEN. 100. — TERAS (Tr.)

660 — VARIEGANA (Sv.) — C. Nantes, route de Paris, mai, juin, août. — Chenille en mai, juin et septembre sur la ronce, l'églantier, l'aubépine, le prunellier.

A. AB. ASPERANA (F.) — A. C. Nantes, route de Paris, même époque, même localité.

662 — BOSCANA (F.) — Nantes, route de Paris, juillet, C. — Chenille en mai et septembre sur l'orme.

663 — PARISIANA (Gn.) — Un exemplaire pris sur la route de Paris, le long d'un mur.

664 — LITERANA (L.) — La Chapelle-sur-Erdre, mai. Un exemplaire.

B. Var. squamana (F.) — Un exemplaire pris en juillet à La Chapelle-sur-Erdre.

676 — FERRUGANA.

A. Var. tripunctana. — Nantes.

682 — HOLMIANA (L.) — A. C. Nantes, route de Paris, juin, juillet. — Chenille en mai sur le prunier, le rosier, l'aubépine entre les feuilles attachées.

683 — CONTAMINANA (Hb.) — C. route de Paris, septembre, octobre. — Chenille en juin sur le prunellier, le poirier sauvage, l'aubépine.

A. Var. ciliana (Hb.) — A. C. Comme le type, même lieu et époque d'apparition.

Gen. 101. — Tortrix (Tr.)

686 — PODANA (Sc.) AMERIANA (Tr.) — Nantes, C. juin, juillet. — Chenille en mai sur le chêne.

690 — XYLOSTEANA (L.) — Nantes, C. juin. — Chenille en mai sur le chèvrefeuille.

691 — ROSANA (L.) LAEVIGANA (Sv.) — T. C. juin, Nantes. — Chenille sur les arbres fruitiers, l'aubépine.

692 — SORBIANA (Hb.) — Nantes, A. C. — Chenille en mai.

693 — SEMIALBANA (Gn.) — Loire-Inférieure. A. C.

698 — RIBEANA (Hb.) — Nantes, A. R. juin, août. — Chenille en mai sur l'aubépine, le groseillier, l'orme, le bouleau.

701 — HEPARANA (Sv.) — C. Nantes, La Marière, août. — Chenille en mai, sur le frêne, le hêtre, et les arbres fruitiers.

703 — LECHEANA (L.) — A. R. Bords de l'Erdre, juin, juillet. — Chenille en avril sur les arbres fruitiers.

713 — UNIFASCIANA (Dup.) — T. C. Bords de la Chézine, juillet.

727 — CONWAYANA (F.) — A. C. Nantes, Portnichet, mai, août. — Chenille en octobre, sur le troène et l'épine-vinette. (*Berberes.*)

728 — BERGMANIANA (L.) — T. C. Nantes, mai, juin. Chenille en mai sur les rosiers ; se chrysalide dans les feuilles pliées.

729 — LOEFLINGIANA (L.) — T. C. Nantes, juin. — Chenille en mai sur le chêne ; se chrysalide dans la feuille pliée.

730 — VIRIDANA (L.) — T. C. Nantes, mai, juin. — Chenille sur le chêne.

737 — FORSTERANA (F.) ADJUNCTANA (Tr.) — A. C. Nantes, bords de l'Erdre, juin, juillet, bois, buissons.

750 — ANGUSTIORANA (Hw.) — Nantes, route de Paris, jardin, juin, juillet. C. — Chenille sur le laurier ordinaire.

755 — GROTIANA (F.) — Nantes, route de Paris. A. R. juin, juillet. — Chenille en mai sur le chêne et l'aubépine.

GEN. 103. — SCIAPHILA (Tr.)

780 — WAHLBOMIANA (L.) — C. Nantes, La Chapelle-sur-Erdre, C. mai, juin. — Chenille en avril, puis juin sur les plantes herbacées.

GEN. 109. — OLINDIA.

794 — ULMANA (Hb.) AREOLANA (Hb.) — Clermont. C. juin, coteaux boisés.

GEN. 110. — COCHYLIS (Tr.)

799 — HAMANA (L.) — A. C. Nantes, Sainte-Pazanne, juillet.

801 — ZOEGANA (L.) — Un exemplaire pris route de Paris en août.

825 — AMBIGUELLA (Hb.) ROSERANA (Froel.) — C. Nantes, route de Paris, Chêne-Vert, mai, juin. — Chenille en juin dans les fleurs de la vigne, en août dans les grains de raisin et les feuilles.

884 — ROSEANA (Hw.) — Un exemplaire pris à Nantes.

GEN. 111. — PHLEOCHROA (Stph.)

908 — RUGOSANA (Hb.) — A. R. Nantes, mai.

GEN. 113. — RETINIA (Gn.)

921 — BUOLIANA (Sv.) — Un exemplaire à Préfailles dans une plantation de jeunes pins, août. — Chenille en avril, mai dans les pousses des pins sylvestre et maritime qu'elle courbe.

GEN. 114. — PENTHINA (Tr.)

925 — PROFUNDANA (Sv.) — C. Nantes, La Chapelle-sur-Erdre, juillet. — Chenille en avril sur le chêne.

927 — SALICELLA (L.) SALICANA (Hs.) — Un exemplaire.

932 — CORTICANA (Hb.) — C. juin, juillet, Nantes, La Poterie, bords de l'Erdre. — Chenille en mai sur le chêne.

937 — VARIEGANA (Hb.) — T. C. Nantes et toute la Loire-Inférieure, mai, juin, dans les buissons. — Chenille en avril, juillet sur les arbres fruitiers, les rosiers.

945 — GENTIANA (Hb.) — C. Nantes, mai, juillet, jardins de la route de Paris. — Chenille en mai, septembre dans les graines de la gentiane.

962 — STRIANA (S. V.) — A. R. Marais de Mazerolles, juillet.

983 — URTICANA (Hb.) — C. Nantes, route de Paris, juin, juillet. — Chenille en avril, sur la ronce, l'orme, le bouleau, le saule.

989 — CESPITANA (Hb.) — Un exemplaire pris à Nantes.

1001 — ACHATANA (S. V.) — A. R. Nantes, route de Paris, juin, buissons, haies (espèce d'Allemagne). — Chenille sur le prunellier.

GEN. 115. — ASPIS (Stph.)

1004 — UDMANNIANA (L.) — A. C. Nantes, route de Paris, juin, juillet. — Chenille en mai à l'extrémité des feuilles de ronce et des framboisiers ; attachées.

GEN. 123. — GRAPHOLITHA (Tr.)

1046 — HOHENWARTIANA (S. V.) — Nantes, A. C., prairies, juillet.

1071 — NISELLA.

A. V. PAVONANA (Don.) — Un exemplaire pris sur les bords de l'Erdre.

1073 — PENKLERIANA (F.) MITTERBACHIERANA (Dup.) — Nantes, A. R.

1091 — TRIPUNCTANA (S. V.) OCELLANA (Hb.) — Nantes, A. C., buissons, mai.

1092 — CYNOSBANA (F.) — C. Nantes, buissons, mai, juin, juillet. (Deux générations.) — Chenille en mai sur les rosiers, dans les jeunes pousses, et en septembre.

1099 — SIMPLONIANA (Dup.) — A. C. Nantes, juillet, août.

1112 — CITRANA (Hb.) — Un exemplaire pris à Nantes, route de Paris, juin.

1122 — CONTERMINANA (H. S.) CAECIMACULANA (Dup. IX, 249, 5[n]). — C. Nantes, juillet.

1128 — NEBRITANA (Tr.) — Nantes, route de Paris, mai. C. dans les haies. — Chenille dans les siliques des genêts en juillet.

1156 — WOEBERIANA (S. V.) — Nantes, route de Paris, La Jonnelière. C. mai, juin, juillet. — Chenille en avril sous l'écorce du prunier et du cerisier ; s'y chrysalide.

GEN. 124. — CARPOCAPSA (Tr.)

1181 — POMONELLA (L.) — C. d'avril à juillet, Nantes, dans les jardins. — Chenille de juillet à octobre dans les pommes, poires, prunes, noix ; elle hiverne dans une toile de soie entre les écorces.

1183 — SPLENDANA (Hb.) — R. Nantes, juillet. — Chenille fin septembre dans les glands tombés ; se chrysalide en terre sous la mousse.

1184 — REAUMURANA. — Un exemplaire pris à Nantes.

GEN. 126. — PHTOROBLASTIS (Ld.)

1209 — RHEDIELLA (Cl.) — Mauves. A. R. mai.

GEN. 128. — STEGANOPTYCHA.

1225 — CORTICANA (Hb.) — Nantes. T. C. mai, juin. — Chenille en avril, mai, feuilles du chêne.

1248 — TRIMACULANA (Don.) LITHOXYLANA (Dup.) — Nantes, route de Paris. T. C. juin. — Chenille en mars dans les chatons du noisetier ; se chrysalide en terre.

GEN. 130. — RHOPOBOTA (Ld.)

1268 — NAEVANA (Hb.) A. C. Nantes, juillet. — Chenille en mai sur le houx (*Ilex aquifolium*).

GEN. 133. — DICHRORAMPHA (Gn.)

1273 — PETIVERELLA (L.) PETIVERANA (Hw.) — A. R. juin, Nantes.

G. TINEINA.

Fam. I. — CHOREUTIDÆ.

GEN. 135. — SIMAETHIS (Leach.)

1306 — PARIANA (Cl.) — Nantes, juillet, octobre. A. C.

1309 — OXYACANTHELLA (L.) FABRICIANA (Stph.) — Nantes, mai. A. R.

Fam. III. — TALAEPORIDAE.

GEN. 138. — TALOEPORIA.

1329 — PSEUDOBOMBYCELLA (Hb.) ANDERREGGELLA (Dup.) — Nantes, mai. C. — Chenille dans un fourreau sur les lichens, surtout sur les hêtres, en avril.

Fam. V. — TINEIDAE.

GEN. 148. — MOROPHAGA (H. S.)

1362 — MORELLA (Dup.) — Juillet, La Chapelle-sur-Erdre. R. — (Espèce méridionale).

GEN. 150. — BLABOPHANES (Z.)

1368 — FERRUGINELLA (Hb.) — Nantes. C. avril, mai. — Espèce d'Allemagne.

1370 — RUSTICELLA (Hb.) — Nantes. A. C. juillet.

GEN. 151. — TINEA (Z.)

1374 — TAPEZELLA (L.) — Un exemplaire pris dans l'intérieur d'une maison, à Nantes, route de Paris.

1385 — GRANELLA (L.) — T. C. d'avril en août. Nantes, greniers, appartements. — Chenille en mai, septembre dans les grains de blé et autres céréales, le bois pourri, les fruits secs.

*

GEN. 158. — INCURVARIA (Hw.)

1447 — MUSCALELLA (F.) — Ile de la Loire, en face Thouaré, juin. A. R. — Chenille sur le chêne en janvier dans un fourreau sous les feuilles sèches.

Fam. VI. — ADELIDAE.

GEN. 160. — ADELA (Latr.)

1494 — DEGEERELLA (L.) — Nantes. — Un exemplaire.

1498 — VIRIDELLA (S. C.) — T. C. Nantes, route de Paris, bords de l'Erdre, avril, mai. — Chenille en janvier, dans un fourreau, sous les feuilles sèches des noisetiers et des hêtres.

Fam. X. — HYPONOMEUTIDAE.

GEN. 171. — HYPONOMEUTA.

1549 — VIGINTIPUNCTATUS (Retz.) — Un exemplaire pris dans une chambre sur la route de Paris, mai.

1550 — PLUMBELLUS (S. V.) — R. La Chapelle-sur-Erdre, juillet. — Chenille en société sur le fusain (*Evonymus europaeus*).

1552 — PADELLUS (L.) VARIABILIS (Z.) — T. C. dans toute la Loire-Inférieure, haies, mai, juin. — Chenille sous une toile commune en mai sur les haies.

1556 — CAGNAGELLA (Hb.) CAGNATELLA (Tr.) — T. C. dans toute la Loire-Inférieure, juin, juillet. — Chenille en société sur le fusain en juin.

GEN. 172. — SWAMMERDAMIA (Hb.)

1563 — CAESIELLA (Hb.) HEROLDELLA (Dup.) — Nantes. C. juillet. — Chenille sur le bouleau, dans une toile, en septembre ; se chrysalide en terre.

GEN. 173. — PRAYS (Hb.)

1571 — CURTISELLUS (Don.) COENOBITELLA (Hb.) — Mai. — A. R. Nantes. — Chenille en avril dans les fleurs du chêne.

GEN. 177. — ARGYRESTHIA (Hb.)

1582 — EPHIPPELLA (F.) — C. juin, verger, bois, haies vives, Nantes. — Chenille en avril sur les bourgeons de l'aubépine.

1607 — GOEDARTELLA (L.) — Nantes, route de Paris. A. C. août. — Chenille en avril dans les chatons du bouleau.

Fam. XI. — PLUTELLIDAE.

GEN. 181. — PLUTELLA (Schrk.)

1624 — PORRECTELLA (L.) — C. Nantes, mai, juin. — Chenille en août sur la julienne.

1626 — XYLOSTELLA (L.) CRUCIFERARUM (Z.) C. octobre, potagers, Nantes. — Chenille en juin, septembre sur les crucifères ; elle se chrysalide entre les feuilles.

GEN. 182. — CEROSTOMA (Latr.)

1639 — RADIATELLA (Don.) — Nantes, La Marière, août. A. R. buissons. — Chenille en mai sur le genêt.

1643 — SYLVELLA (L.) — A. C. Nantes, route de Paris, juin, juillet, août. — Chenille en juin sur le chêne.

1652 — DENTELLA (F.) HARPELLA (S. V.) — A. R. Chapelle-sur-Erdre, Sorinières, juillet, août, jardins, bois. — Chenille en mai sur le chèvrefeuille dont elle ronge l'écorce.

GEN. 183. — THERISTIS (Hb.)

1653 — MUCRONELLA (S. C.) CAUDELLA (L.) — La Poterie. — Un exemplaire, mai.

Fam. XIV. – GELECHIDAE.

Gen. 189. — Psecadia (Hb.)

1666 — BIPUNCTELLA (F.) ECHIELLA (S. V.) — Nantes, juin. A. R. — Chenille en juillet, septembre sur la viperine (*Echium vulgare*).

1667 — FUNERELLA (F.) — Nantes, chêne vert, mai. A. C. — Chenille en août, septembre.

Gen. 191. — Depressaria (Hw.)

1681 — COSTOSA (Hw.) DEPUNCTELLA (Hb.) — Nantes.

1703 — ARENELLA (S. V.) — Nantes, juillet. A. C. — Chenille sur le *Centaurea nigra* et *scabiosa*.

1721 — OCELLANA (F.) CHARACTERELLA (Schif. S. V.) — A. R. Nantes, à la miellée, juillet. — Chenille en juin dans les jeunes pousses des saules et des bouleaux.

1729 — APPLANA (F.) — C. partout, juin, juillet, septembre, hiverne et reparaît en janvier, juillet. — Chenille en juin sur les ombellifères. Feuilles réunies en tube.

1754 — BADIELLA (H. B.) — C. juillet, août. Nantes, prairie de Mauves. — Chenille en juin.

Gen. 194. — Gelechia (Z.)

1790 — PINGUINELLA (Tr.) TURPELLA (H. S.) A. C. Nantes, juillet. — Chenille en mai sur les peupliers entre les feuilles.

1839 — GALBANELLA (Z.) — Nantes, R.

1861 — SCALELLA (S. C.) BICOLORELLA (Tr.) — A. R., juin sur l'écorce. Nantes, Chapelle-sur-Erdre.

Gen. 196. — Bryotropha (Hb.)

1880 — TERRELLA (S. V.) — C. Nantes (route de Paris), mai, juin, juillet. — Chenille en juin.

GEN. 198. — TELEIA (Hein).

1979 — SCRIPTELLA (Hb.) — T. C., partout sur l'écorce des ormes et autres arbres. — Chenille en septembre, feuilles d'érable pliées en deux.

1994 — LUCULELLA (Hb.) — Nantes.

GEN. 199. — RECURVARIA (H. S.)

1997 — LEUCATELLA (Cl.) — R. Nantes, juin.

GEN. 210. — MONOCHROA (Hein).

2061 — TENEBRELLA (Hb.) — Nantes, A. C., mai, juin, dans les haies.

GEN. 214. — TRACHYPTILA (Hein).

2091 — POPULELLA (Cl.) — Saint-Etienne-de-Mont-Luc (propriété de Sainte-Anne). C. juillet. — Chenille en mai sur le peuplier, le tremble, le bouleau.

GEN. 215. — BRACHYCROSSATA (Hein).

2095 — CINERELLA (Cl.) — Nantes, A. R., juin.
2097 — TRIPUNCTELLA (S. V.) — R. Nantes.

GEN. 226. — NOTHRIS (Hb.)

2143 — VERBASCELLA (S. V.) — C. juin, Nantes. — Chenille en avril, août; sur les *verbascum*, en société dans les jeunes pousses, puis dans les fleurs en août.

GEN. 245. — CARCINA (Hb.)

2219 — QUERCANA (F.) FAGANA (S. V.) — C. juin, juillet, août. Nantes. — Chenille en mai dans une toile sur le chêne.

GEN. 251. — HARPELLA (Schrk.)

2242 — FORFICELLA (S. C.) MAJORELLA (Dup.) — C. Nantes, mai, juin, juillet. — Chenille en mai dans le bois pourri du saule.

2243 — GEOFFRELLA (L.) — Nantes (la Marière). C. mai, juin. — Chenille en mai sur les écorces.

GEN. 252. — DASYCERA (Hw.)

2247 — SULPHURELLA (F.) ORBONELLA (Dup.) — Nantes, intérieur de la ville. C. mai, juin.

2248 — OLIVIELLA (F.) — C. Nantes, Chapelle-sur-Erdre, jardins, bois, juin, juillet. — Chenille en avril, mai, dans le bois pourri.

GEN. 253. — OECOPHORA (Z.)

2252 — TINCTELLA (Hb.) — C. Nantes, route de Paris, sur les poiriers.

GEN. 255. — OEGOCONIA (Stt.)

2298 — QUADRIPUNCTA (Hw.) C. Nantes ; intérieur des maisons, mai, juin, juillet.

Fam. XV. — GLYPHIPTERYGIDAE.

GEN. 258. — GLYPHIPTERYX (Hb.)

2310 — THRASONELLA (S. C.) — A. C., la Poterie, bords de l'Erdre, prés humides, bords des ruisseaux, juillet.

Fam. XVI. — GRACILARIDAE.

GEN. 259. — GRACILARIA (Z.)

2317 — ALCHIMIELLA (S. C.) SWEDERELLA (Stt.) — Mai, juin, Nantes. A. C. — Chenille en septembre, sur le chêne, mine la feuille repliée dans un coin en cône.

2338 — SYRINGELLA (F.) — Nantes. Un exemplaire au bord de la Chézine.

Fam. XVII. — COLEOPHORIDAE.

GEN. 262. — COLEOPHORA (Z.)

2424 — PALLIATELLA (Z. K.) — Nantes. Un exemplaire, juin.

2478 — LEUCAPENNELLA (Hb.) — C. Nantes, route de Paris, mai. — Chenille en juillet dans les capsules du *Silène nutans* ; se fait un fourreau avec les capsules.

Fam. XIX. — ELACHISTIDAE.

GEN. 276. — BUTALIS (Tr.)

2696 — ACANTHELLA (God.) — A. C. Nantes, juin, juillet. — Chenilles trouvées sur les murs du château de Nantes ; se nourrissant du lichen des murailles ; chaque chenille cachée sous une petite toile blanche qui lui sert d'abri.

Fam. XX. — LITHOCOLLETIDAE.

GEN. 294. — TISCHERIA (Z.)

2910 — COMPLANELLA (Hb.) — Nantes, avril. R. — Chenille en actobre ; feuilles de chênes, taches blanches très apparentes sur la face supérieure de la feuille.

J. PTEROPHORINA.

GEN. 309. — AMBLYPTILIA (Hb.)

3130 — ACANTHODACTYLA (Hb.) — Nantes, juillet. A. C. juillet.

GEN. 310. — OXYPTILUS (Z.)

3140 — DIDACTYLUS (L.) — Gâché, Nantes, juillet, A. C.

GEN. 311. — MIMAESEOPTILUS (Vallgr.)

3161 — PTERODACTYLUS (L.) — Nantes. T. C. juillet, août, septembre, octobre à la miellée.

GEN. 315. — ACIPTILIA (Hb.)

3187 — XANTHODACTYLA (Tr.) — Un exemplaire pris à Clermont, juin.

K. ALUCITINA.

Gen. 316. — Alucita (Z.)

3211 — HEXADACTYLA (L.) POLYDACTYLA (Hb.) — C. mai, juin, juillet. Nantes, intérieur des appartements, jardins à la miellée ; hiverne et pond en avril.

ADDENDA.

MACROLEPIDOPTERA.

650 — SARROTHRIPA REVAYANA Ab punctana (Hb.) — Nantes, août. Un exemplaire.

709 — GNOPHRIA RUBRICOLLIS (L.) — Bourg de Batz. R.

1197 — AGROTIS RIPÆ (Hb.) — R. Un exemplaire desséché pris à La Bôle, sur la plage, juillet.

1232 — AGROTIS CORTICEA (S. V.) — La Bôle. Un exemplaire sur le chardon, en plein jour, juillet.

1505 — LEUCANIA OBSOLETA (Hb.) — La Chapelle-sur-Erdre, août, septembre. A. C.

1526 — LEUCANIA LITTORALIS (Curt.) — La Bôle. Un exemplaire, juillet.

1544 — CARADRINA EXIGUA (Hb.) — Nantes, miellée. Trois exemplaires pris en 1884, août.

1683 — XYLOMIGES CONSPICELLARIS (L.) — La Chapelle-sur-Erdre, juillet, A. R.

1948 — CATEPHIA ALCHYMISTA (S. V.) — La Chapelle-sur-Erdre. Un exemplaire, septembre.

2170 — ACIDALIA DEGENERARIA V. BILINEATA. — Un exemplaire pris à Mauves, juillet, dans un buisson.

2222 — ZONOSOMA PUNCTARIA VAR. SUPPUNCTARIA (Z.) — Un exemplaire pris à La Chapelle-sur-Erdre, juillet, dans un buisson.

MICROLEPIDOPTERA.

311 — CRAMBUS ALPINELLUS (Hb.) — Un exemplaire. La Bôle, juillet, bois de pins.

841 — COCHYLIS ZEPHYRANA V. MARGAROTANA (Dup.) — La Bôle. Un exemplaire, juillet.

1025 — LOBESIA PERMIXTANA (Hb.) — Un exemplaire. Loire-Inférieure.

1203 — PHTOROBLASTIS REGIANA (Z.) — Nantes. Un exemplaire.

1112 — GRAPHOLITHA CITRANA (Hb.) — La Bôle. Un exemplaire, Nantes. Un exemplaire, buissons.

1185 — CARPOCAPSA AMPLANA (Hb.) — Loire-Inférieure. A. C. juillet, août.

2035 — ERGATIS DECURTELLA (Hb.) — Loire-Inférieure. Un exemplaire.

2265 — OECOPHORA PSEUDOSPRETELLA (Stett.) — Loire-Inférieure. Un exemplaire.

2707 — STHATHMOPODA PEDELLA (L.) — Un exemplaire. La Bôle, juillet, buissons.

3131 — AMBLYPTILIA COSMODACTYLA (Hb.) — Nantes, boulevard Delorme. Un exemplaire.

Imp. ve Camille Mellinet, pl. Pilori, 5. — L. Mellinet et Cie, succrs.

www.ingramcontent.com/pod-product-compliance
Ingram Content Group UK Ltd.
Pitfield, Milton Keynes, MK11 3LW, UK
UKHW020202200726
13856UKWH00003B/1136

9 782013 045186